The Dark
Side of the Light
Chasers

接纳不完美的自己

[美]黛比·福特（Debbie Ford）◎著

严冬冬◎译

北京联合出版公司
Beijing United Publishing Co.,Ltd.

图书在版编目（CIP）数据

接纳不完美的自己 / (美) 黛比·福特著；严冬冬译.
-- 北京：北京联合出版公司，2018.6（2025.8重印）
ISBN 978-7-5596-1284-7

Ⅰ.①接… Ⅱ.①黛… ②严… Ⅲ.①人生哲学—通俗读物 Ⅳ.①B821-49

中国版本图书馆CIP数据核字(2017)第285756号

北京市版权局著作权登记号：图字01-2017-7924号

接纳不完美的自己
The Dark Side of the Light Chasers

著　　者：[美]黛比·福特
译　　者：严冬冬
责任编辑：昝亚会　夏应鹏
封面设计：尚书堂
装帧设计：季　群

北京联合出版公司出版
（北京市西城区德外大街83号楼9层　100088）
北京联合天畅发行公司发行
北京天宇万达印刷有限公司印刷　新华书店经销
字数130千字　640毫米×960毫米　1/16　15印张
2018年6月第1版　2025年8月第6次印刷
ISBN 978-7-5596-1284-7
定价：36.00元

序

小时候，我对自己很不满意。我总以为自己是世界上最无能、最孤僻、最不懂得如何结交朋友的孩子。有些时候，我真的非常讨厌我自己。

长大以后，我的情况也没发生什么变化。我搬到了另一个城市，以为这样就可以彻底抛开我的过去。我以为，那里没人认识我，也不会有人知道我喜欢吹牛，不会有人知道我浮躁的毛病，不会有人知道我随便走进哪个房间，就会抢尽风头，让别人连句话都插不上。我以为，这样我所有的缺点就都不会被人发现。

结果我发现我错了。无论我搬到哪里，总还是原来的那个我。

到了新的城市之后，我在一家公司的培训部工作。有一天，我所在的部门举行了一场心灵成长主题讲座，主讲者的一段话让我至今仍然难以忘怀。她说：

"你那些所谓的'缺点'，你身上那些自己都不喜欢的特质，其实是你最宝贵的财富，只不过表达的程度有点过于强烈了。这就好比放音乐，如果音量开得太大，就会让人感觉有些不适应。只要你能把这种特质的'音量'调回去，你自己——以及你周围的所有人——就会意识到，你的'缺点'其实正是你的优点。它们可以为你所用，而不是成为你的绊脚石。你唯一需要做的，就是在适当的时候，以适当的方式，把这些特质表现到适当的程度，不要过度。"

我当时的感觉是仿佛被雷击了一样。过去，我从来没有听到过这样的话。我本能地感觉到，她说的每一个字都是对的。我所谓的吹牛，其实是自信心的过度表达。我所谓的浮躁，其实是积极思考过度的结果。至于我所谓的爱出风头，其实是我的领导力、说服力和表现欲过度表达的结果——这些东西本身并没有任何问题。

我意识到，我这些所谓的"缺点"，其实也是别人经常夸奖我的优点。怪不得我总也没法彻底把它们改掉！

当我能够正视自己内心的阴暗面，正视自己的所有缺点时，也就意识到了这些"缺点"的积极意义。我只需要引导自己的行为，既不刻意压抑自己，也不刻意否定自己，这样就可以化缺点为优点。

现在我知道，承认和接纳不完美的自己，拥有完整的人生，是一件非常重要的事情。我们每个人都是矛盾的统一体，是各种积极与消极的特质彼此调和的结果，无论少了哪一方面，都称不上完整。

最终，我学会了承认自己，接纳自己，做自己的朋友。然而，这一过程是多么漫长而痛苦啊！假如我当年有机会拜读黛比·福特的这本书，可以少走多少弯路，节省多少时间啊！

仔细阅读这本书。先从头到尾通读一遍，再精读一遍，最后再逐字逐句细读一遍。认真完成书中的每一项练习。问问自己，你做得到吗？

真的做得到吗？

当然，如果你不希望自己的生活发生重大的改变，那就赶快把书放下，塞进书架最不显眼的角落，或是干脆送给别人。否则，一旦你认真读完了这本书，你的生活很可能就无法再维持原先的状态了。

我认为，我们都应该追求尽可能透明的生活状态，毫不掩饰，毫不伪装。即使我们不喜欢自己身上的某些东西，也不应该刻意压抑它们，甚至直接否认它们的存在。透明意味着真实，真实意味着敞开心扉、返璞归真，回归完整的、原本的自我。如果你同意这一点，那你一定会感激黛比·福特写了这本书，因为它会叩开你心灵世界的大门，让你体验到内心深处的快乐、宁静与自爱——而当你真正爱上自己的时候，自然就能学会把爱奉献给别人。

这一循环过程一旦开始，你所改变的就不仅仅是你自己的生活，更是整个世界。

尼尔·唐纳德·沃尔什，《与神对话》一书作者

目　录

01 第一章
物质世界与内心世界

否认躲藏的大骗子

穷则思变。

我们之所以努力成长，往往是因为生活的重压令我们痛苦，让我们喘不过气来。《接纳不完美的自己》这本书所揭示的，乃是我们内心中消极的一面——破坏人际关系、扼杀精神、阻挠我们实现梦想的那一面，也就是心理学家荣格所谓的"阴影"。那些尽管属于我们，但我们却极力掩饰、拼命否定、不愿承认的东西，全都属于阴影的范畴。它们潜藏在我们意识深处，无论别人还是我们自己，都很难直接意识到它们的存在。它们会时时暗示我们，让我们觉得自己充满缺陷、令人讨厌、一文不值。

由于这些暗示的影响，我们总觉得自己心中潜藏着某种肮脏的东西，所以总是不愿检视自己的内心，生怕这肮脏暴露在光天化日之下。我们恐惧自己，恐惧那些曾为主观意识所压抑的想法和感觉。这种恐惧往往存在于潜意识中，我们无法直接感觉到它，却会受到它的影响。为了掩饰心中的阴影，我们只能去欺骗别人，同时也欺骗自己。我们给自己戴上一层面具，不让真实的想法流露出来。随着时间的流逝，我们逐渐习惯了这层面具，忘记了面具下面还有一个真实的自己。尽管我们在生活中屡屡经历失败，却仍然刻意压抑内心的暗示。我们蒙起眼睛，堵住耳朵，拒绝看到真实的自己，拒绝聆听内心的声音。

这样压抑自己内心的阴暗面，并不能带来好的结果。我们需要正视那些令自己恐惧的东西，接受它们的存在，承认它们是我们内心世界的一部分。

著名心理指导学家拉撒利斯（Lazaris）曾说："阴影包含了人生的线索以及改变的秘密。这样的改变能影响你身体的每一个细胞，甚至你的 DNA 遗传信息。"换句话说，内心的阴影决定了我们的本质，决定了我们究竟是谁。只有直面阴影，我们才能体验积极与消极、光明与阴暗融为一体的那种完整感觉。只有承认和接受完整的自我，我们才能拥有选择的自由。如果我们压抑内心的阴暗面，拒绝承认它的存在，就会为它所奴役。

内心的阴暗面尽管是消极的，却可以起到积极的作用，为我们提供指引，让我们的存在得以完整。只有受到压抑的时候，它才会转入地下，悄悄影响我们的生活，对我们造成伤害。

向本性回归

接纳和拥抱心中的阴影，可以让你的生活发生彻底的转变，宛如丑陋的毛毛虫破茧而出，化为美丽的蝴蝶。你不必再刻意掩饰，不必再假装成另一个人，也不必再努力证明自己，因为那时你会拥有足够的自信。拥抱阴影，找回完整的自我，你就可以自由追求自己想要的生活。

爱自己，接纳自己，让完整的自我充分表达出来，不去刻意掩饰内心的"缺陷"，这是每一个人与生俱来的本性。然而，随着年龄的增长，我们会受到周围人们的影响，开始刻意讨别人的喜欢，把那些可能惹人生气的想法深深掩藏起来。结果，在长大的过程中，我们也就逐渐丧失了纯真自由的本性。

要找回完整的自我，让生活变得快乐而充实，我们必须重新体验这种毫不掩饰的纯真。这是心灵成长的必经之路。在沃尔什的著作《与神对话》中，神说：

"完美的爱之于感觉，正如纯白色之于色彩一样。人们总以为白色是缺乏色彩的表现，却不知道白色包容了一切色彩。

同样地，爱也不是缺乏感情的表现，而是所有感情的融合，是整个心灵世界。"

爱是加法

爱包容了一切感情——也包括那些我们努力掩饰的想法和感情。荣格曾说："与其做好人，我宁愿做一个完整的人。"在努力做"好人"，努力追求别人承认的同时，我们是否已经迷失了真实的自我？

在成长过程中，周围的人们让我们相信，我们所具有的特质可以用"好"与"坏"来区分，"好"的特质应该发扬，"坏"的特质则要改正或掩饰。这样的思维方式，自从我们学会分辨"自己"与"别人"的那一刻起，就逐渐确立下来。然而，随着年龄的增长，我们会逐渐意识到，世界是一个统一的整体，我们与别人的心灵是连接在一起的。

从这样的角度出发，我们不禁要问，"好"与"坏"真的是客观的标准吗？我们真的应该去除自己身上那些"坏"的特质吗？可是没有坏又何谈好？没有恨又何谈爱？没有恐惧又何谈勇敢？

成为自己的美丽偶像

一旦我们有了这样的想法，就会重新认识自己的内心世界与周围的物质世界之间的关系。既然世界是一个统一的整体，那么我们作为世界的一部分，就不可能是孤立的。反过来说，我们每个人可以代表整个世界。研究人类意识的学者葛罗夫（Stanislav Grof）曾说："如果这一观点成立的话，每个人都具有直接体验世界每一方面的能力，这种体验远比普通的感官体验更加深刻。"心理医学专家乔布拉（Deepak Chopra）则说："不是我们存在于世界中，而是世界存在于我们心中。"我们每个人都包含了无限的可能性，但只有承认和接纳完整的自我，才能让所有这些可能性都显现出来。

正义与邪恶、乐观与悲观、勇敢与懦弱——这些特质都潜藏在我们心中，倘若我们刻意压制某一种特质，它就会以我们意料不到的方式显现出来。我们越是不敢直面自己的内心世界，就越容易在恐惧的迷宫里打转，一点点迷失自我。

本书的主旨在于打破恐惧的迷宫，让你重新发现真实的自我。它会带你展开一场奇妙的心灵之旅，彻底改变你对自己、他人和整个世界的认识，让你敞开心扉，展露出完整的人格。古代波斯诗人鲁米（Rumi）曾说："天哪，当你认识到自己的美，就会成为自己的偶像。"在这本书里，我会教你如何发掘和认识自己的美。

荣格最初发明"阴影"这一心理学术语，是用来指我们的人格中遭受刻意压抑的部分，压抑的原因可能是恐惧、无知、羞耻心，也可能是爱的缺乏。他对阴影的定义很简单："阴影就是你所不愿意成为的那种人。"他相信，如果我们能承认和接纳人格中的阴影，就会对精神生活产生不可估量的影响。他曾说："要做到这一点，我们就必须直面阴影，让它成为我们人格的一部分，没有其他的办法。"

要追逐光明，你就必须拥抱黑暗。当消极的思想和情感受到刻意压抑时，与之对应的积极思想和情感也会被波及。如果我们否认自己的丑，就会削减自己的美；如果我们否认自己的恐惧，就会削减自己的勇气。在积极与消极两方面，我们每一个人都拥有无法估量的潜力，既有可能成为最杰出的伟人，也有可能成为最无耻的小人。这本书会教你如何面对积极与消极的矛盾。

我们必须学会允许自己身上的各种可能性和谐共存，因为只有这样，我们才能得到真正的自由。我们必须原谅自己的不完美之处，因为不完美原本就是人性的一部分。我们需要将心比心，用同样的方式来对待自己与别人。周围的物质世界是我们内心世界的反映。当我们能够接纳自己、原谅自己的时候，自然也就可以接纳和原谅别人。我自己是在经历了许多挫折和打击之后，才明白这一点的。

一定要纠正这一切

十三年前，我在洗手间冰凉的瓷砖地面上醒来，浑身疼痛，嘴里散发出恶心的酸臭。又是一整夜的狂欢和嗑药，以及随之而来的呕吐和昏迷，这样的事情已经发生过不知多少次了。我心里清楚，我不能再这样继续下去了。我已经二十八岁了，却还在等着别人来帮我从生命的困境中解脱出来。但在那个上午，我意识到，没有任何人能帮助我——无论是我的母亲、我的父亲，还是我梦中的那个白马王子。我的毒瘾已经发展到了非常严重的程度，我知道自己很快就需要在生死之间做出选择，这样的选择没有人能替我来做。没有人能帮助我，只有我自己才能帮自己。镜中的自己让我惊讶，我第一次发现，我根本不知道自己是谁。

就在那个上午，我下定了决心，一定要纠正这一切。我的生活发生了巨大的转变。二十八天的戒毒治疗之后，我开始努力治疗自己受创的身心。摆在我面前的任务无比艰巨，但我知道自己别无选择。五年里，我总共花了五万多美元求医问药，最终把自己变成了另一个人。我彻底摆脱了毒瘾，交上了一帮新朋友，成功扭转了自己的价值观念。但在一个人静下来的时候，我仍感觉自己身上似乎缺了点什么。我憎恨我自己。

又过了六年，我参加了不知多少次的心理治疗，进行了各种各样的尝试：催眠治疗、针灸、重生体验、极限运动、坐禅、冥想……然而总没有效果，谁都无法消除我心中对自己的那种憎恨。

"贱"也是一种礼物

终于，事情发生了转机。那是在我参加一次领导力强化培训班的时候。代课的讲师名叫简·史密斯。当培训进行到一半，我正站起来发言的时候，简突然看了看我，说："你是个泼妇。"我的心一下子沉了下去。她是怎么知道的？我知道自己在内心深处确实是个泼妇，但我一直在努力掩饰这一点。我总是尽可能对周围的人们好，不让他们看出我的本来面目。简在揭穿了我的伪装之后，用平静的语气问我："为什么你不喜欢让人知道这一点？"我满怀自卑地告诉她，我为自己是个泼妇而感到羞耻，因为这曾给我带来过巨大的痛苦。简告诉我："你所不能控制的东西，会反过来限制你。"

我当然明白她的意思。因为担心自己露出泼妇的一面，我的生活受到了非常大的限制，让我得不到释放。然而，我仍然不愿去"释放"自己的这一面。简问我："做一个泼妇有什么好处？"我想了想，似乎什么好处都没有。但是她开导我说："假如你出钱盖一幢房子，结果开发商拖延工期，迟了三个月还没有完工，这时候撒撒泼是不是有助于解决问题？假如你对商场买来的东西不中意，希望退货，是不是也可以靠撒泼来解决？"她让我明白了，在有些场合，做一个泼妇可能是最好的办法。就在那一瞬间，我意识到我用不着再掩饰自己泼妇的一面了。我顿时感觉到一阵轻松，仿佛卸下了千斤重担。是简让我明白，我原本以为的"缺点"其实也是很宝贵的，用不着为它感到羞耻。只要我能承认它的存在，它就不会莫名其妙地发作，而是可以为我所用。

那天之后，我的生活彻底改变了。我不再刻意压制自己泼妇的一面，而是任其存在，顺其自然。当然，我平时用不着做个泼妇，但是如果有必要的话，我也可以靠撒泼来保护自己。意识到了这一点，我对周围的人们反而更和善了，并且是真心实意的和善，不是虚情假意的掩饰。

这样的转变过程让我觉得十分神奇，于是我把自己身上种种消极的特质列成了一张单子，逐一发掘它们积极的一面。这样一来，我心中那种对自己的憎恨也就自然消散了，取而代之的是成熟的自信。

这本书会帮助你达到同样的境界。我将首先解释阴影的心理学定义，讨论它的本质和影响。接下来，我会解释心理上的投影现象，这一现象其实是由我们对阴影的压抑导致的。当我们对内心世界与周围世界的关系有了全新的认识之后，就可以用这样的认识指导我们的生活，重新发掘那些被我们刻意隐藏的特质。我会介绍拥抱阴影、找回完整自我的具体办法。最后，我们再探讨如何用爱滋养自己和周围的人们，如何才能让生活更充实，让自己梦想成真。

许多人花费了大量的时间和精力去追逐光明，最后却在阴影中越陷越深。荣格曾说："幻想光明是没有用的，唯一的出路是认识阴影。"《接纳不完美的自己》会教你承认、接纳和拥抱内心中的阴影，让你发挥出自己的潜力，帮你敞开心扉，彻底改变你对自己、对他人、对世界的认识。

02 第二章

追逐心灵的阴影

只要是人，就会不完美

　　心灵的阴影包括了许多层面：胆怯、贪婪、恼怒、自私、懒惰、丑陋、轻浮、脆弱、报复心、控制欲……总之，那些存在于我们身上，而我们又往往极力掩饰和压抑的特质，全都属于阴影的范畴。

　　这些特质并不会因为我们的否认而消失，只会在潜意识中隐匿起来，悄悄影响我们对自己的认同感。**当我们偶然接触到自身阴暗面的时候，第一反应往往是想要逃避，想撇清与这些"消极"特质的关系，哪怕花费大量的时间和金钱也在所不惜。**然而，恰恰是这些特质最需要我们关注，因为它们可以给我们带来最宝贵的收获。

　　如果我们故意忽视"消极"特质的存在，它们就会尽量唤起我们的注意，当我们的注意力稍微松懈的时候，它们就立即从潜意识里重新浮现出来。为了压抑它们，我们需要付出大量的精力，而这种付出完全没有意义。

　　诗人罗伯特·布莱（Robert Bly）把阴影形容为"每个人背上负着的隐形包裹"，我们在长大成人的过程中，会把越来越多的东西塞进包裹里。布莱认为，在生命的前几十年里，我们总是努力想把包裹填满，而在生命的后几十年里，又会努力把包裹清空，减轻肩上的负担。

大多数人都对自己内心的阴暗面感到恐惧，不愿正面以对，殊不知，只有拥抱心灵的阴影，找回完整的自我，才能获得真正充实幸福的生活。**把"知识"和"经验"混为一谈，或许是信息时代人们最大的误区。我们往往觉得自己"知道"某件事情，于是就不愿去切身体验。对内心阴暗面的探寻，并不是知性的活动，而是用心去体验、去感觉的过程。**许多人参加过心理培训课程之后，觉得自己已经什么都知道了，但是他们并没有用心去体验自我，所以也没有任何实质性的收获。要追求光明，就必须体验阴暗；要追求自由，就必须体验完整的自我。这样的体验过程并不是一蹴而就的，而是长期的、连续的。不管你承不承认，既然你是人，内心就必然有阴影。如果你自己意识不到的话，不妨问问你的家人、朋友或是熟人，让他们把你心中的阴影指给你看。我们总以为自己可以把阴暗面掩饰得天衣无缝，但是那些被我们刻意压抑的特质，总能找到机会显露出来，让周围的人们看见。

承认和接纳完整的自我，意味着平等对待自己的每一项特质，既不刻意彰显，也不刻意压抑。单是大声说出来"我知道我的控制欲很强"并不够，我们还必须了解控制欲能给我们带来什么，接受它的馈赠，用包容的眼光来看待它。

很多人以为，天赐的东西必然是完美的。实际情况则截然相反。要达到天人合一的境界，就必须拥有完整的自我，而完整是美与丑、善与恶、积极与消极的调和。只有接纳了自己内心的阴影，我们才能得到它的馈赠，这就是荣格所谓"金子总是隐藏在暗处"的含义。

我们都需要恨

我小时候常听大人们说，世界上的人可以分为好人和坏人两种。像大多数孩子一样，我总是努力表现自己"好"的特质，把那些"坏"的特质掩藏起来，不让爸爸妈妈和哥哥姐姐发现。随着年龄的增长，越来越多的人进入了我的生活，我需要掩饰的东西也越来越多。

夜里，我常常辗转难眠，反复思考这样一个问题：为什么我天生是这样一个坏孩子？为什么我有这么多"坏"的特质？我替哥哥姐姐担心，因为他们也有许多"缺点"需要克服——假如他们不小心让这些"缺点"表现出来的话，就会受到斥责。大人们告诉我，罪犯之所以被关进监狱，是因为他们身上有许多缺点。我很害怕有朝一日，我也会因为自己身上的缺点而被关起来，只能透过铁窗看着外面的亲人。所以，我下定决心，要把自己所有的缺点掩藏起来，哪怕说谎也在所不惜。我以为，只有表现出完美的形象，我才能获得周围人们的爱。所以，每次忘记刷牙之后，吃多了零食之后，跟姐姐打架之后，我都会说谎。等到我长到三四岁的时候，说谎已经成了家常便饭，我甚至意识不到自己已经开始欺骗自己。

总有人对我说，不要生气，不要自私，不要小心眼，不要贪得无厌。不要，不要，不要。我越来越觉得我一定是个坏人，因为我有些时候会小心眼，有些时候会无缘无故生气，还有些时候就是忍不住要吃零食。我觉得，将来要想在社会上生存下去，我必须彻底改掉这些"缺点"。于是我就开始努力。努力的结果是，我逐渐淡忘了这些"缺点"的存在。淡忘的结果是，它们成了我内心中的阴影。

等我长到十几岁的时候，内心的阴影已经在潜意识中埋藏得如此之深，以至于我整个人都变成了一颗定时炸弹，随时都有可能爆发出来。在压抑"缺点"的同时，我也压抑了与它们对立的那些优点。我感觉不到自己的美，因为我花了太多的精力掩饰自己的丑。我无法以自己的慷慨为荣，因为这慷慨不过是掩饰贪婪的幌子。我撒谎欺骗别人，也欺骗我自己。我与我的内心世界完全断绝了联系。

　　我花了太多的精力来掩饰自己的缺点，所以对于那些不小心把缺点暴露出来的人，我总是十分鄙夷。我变得越来越愤世嫉俗。在那时的我看来，世界上根本没有好人，所有人都是坏蛋，整个世界就是一个糟糕的地方。我觉得我遇到的一切问题都是因为上天的不公，因为我生在了错误的家庭，遇见了错误的朋友，生活在错误的地方，去了错误的学校念书。总之，我的痛苦都是由我自己无法把握的因素造成的。"如果我生在富贵人家，住在欧洲，去寄宿学校上学，如果我有很多钱，愿意买什么衣服都可以，那我就永远不会遇到任何麻烦。"我常常这么想。

　　我掉进了"如果"的陷阱——"如果这样"，"如果那样"，我就可以怎样怎样。这当然无助于问题的解决。什么样的幻想都有破灭的一天，到头来我才发现，我只不过是……是我自己而已——自私、难看、暴躁、尖酸，无论从哪方面看都不完美。我花了十七年时间，才终于认清了真实的自己。而要接受这个真实的自己就更困难了，直到今天，我仍然在努力。

　　我们之所以要接纳和包容内心中的阴影，为的是找回完整的自我，结束生活中的痛苦，让自己不必再欺骗自己，也不必再欺骗整个世界。现代社会经常会给人一种假象，似乎只有"完美"的人才能得到幸福。许多人在追求完美的过程中损失惨重，却总是难以如愿。为了装出一副完美的样子，我们的身体、精神和心灵都承担着重压。我遇到过许多为病痛、失眠、抑郁症和人际关系问题所困扰的人，这些人从表面上看来都很"完美"——从不对别人发脾气，从不做任何自私的举动，甚至祈祷也是为了别人。其中的一些人患上了癌症，却不知道为什么，只能抱怨上天不公。其实，这些人并不是没有愤怒、私心和欲望，只是这些东西受到的压抑太严重，在他们的潜意识里隐藏得太深，以至于他们自己和别人都无法意识到其存在。他们从小接受的教育要求他们先人后己、无私奉献，因为"这才是好人应该做的"。结果，在努力做"好人"的同时，他们逐渐丧失了完整的自我。对于这些人来说，最重要的是从这种状况中解脱出来，重新认清自己。他们需要学会原谅自己，允许自己在适当的时候表现出私心和欲望，因为只有这样，他们才能建立起真正的自尊和自爱。

我们每个人都具有积极与消极两方面的无限潜能，我们必须承认这些潜能的存在。善与恶、好与坏、光明与阴暗、强大与脆弱、诚实与欺瞒——我们的内心是这些矛盾的统一体。如果你觉得自己太过脆弱，那你就需要寻找脆弱的对立面，让自己变得更有力量；如果你被恐惧困扰，就必须在内心中寻找勇气；如果你总是受人欺辱，那你就需要在内心中找出发生这种情况的原因。你必须敞开心扉，承认自己既有优点也有缺点，既有光明的一面也有阴暗的一面。只有从容接纳黑暗的人，才有资格接纳光明。

只有理解了恨才能理解爱

前段时间，在我的心理辅导课上，有一位女子哭泣着站了起来。她的名字叫奥黛丽。她告诉我，她承受了巨大的痛苦，因为她心中怀有一些非常糟糕的想法，这让她感到无比羞耻。经过长时间的探讨和开导之后，她终于承认，她对自己的女儿怀恨在心。她用让人几乎听不到的细微声音一遍又一遍地重复着："我恨我的女儿。"教室里的所有学员都注视着她，一些人眼睛里充满同情，另一些人则流露出嫌恶的表情。

我跟奥黛丽谈了一会儿，对她解释这样的想法并不是不可原谅的，她必须接受自己心里对女儿的恨意。然后我对学员们说，有孩子的人请举手。几乎所有学员都举起了手。我让他们闭上眼睛，回忆自己过去是否有对孩子产生恨意的场合。所有举过手的学员都承认，他们至少经历过一次这样的场合。然后我要他们调动起想象力，想出这种恨意可能带来的好处。有人认为这可以让他们清醒，有人认为这可以加深他们对孩子的爱，也有人说这可以让他们好好发泄一下。所有人都意识到，其实他们并不能控制自己的感情。尽管他们并不愿意恨自己的孩子，但是有些时候就是会感觉到恨意。

直到这时奥黛丽才意识到，原来自己的情况并不特殊。我向她解释，我们都需要体验憎恨的感觉，只有理解了恨才能理解爱。只有当我们刻意压抑心中的恨意时，它才会对我们自己和别人造成伤害。我问奥黛丽能不能接纳自己心中的恨意，接受它的馈赠，而不去刻意压抑它。她仍然低着头，面露羞愧，于是我给她讲了个故事。

有一天，两个男孩子跟着爷爷一起出去郊游。他们在林子里走了很远的路，来到了一间破旧的仓房前。他们一走进仓房，其中一个男孩子立刻生气地叫道："爷爷，咱们出去吧。这里面全都是马粪的味道！"他之所以生气，是因为他的新鞋子沾上了马粪。爷爷还没来得及开口，就看见另一个孙子在仓房里兴高采烈地跑来跑去。"你为什么这么高兴？"爷爷问。男孩子抬起头："这里既然有这么多马粪，附近肯定有匹小马可以骑！"

教室里十分安静。奥黛丽抬起了头，容光焕发。她理解了故事的含义：她心中的恨意或许预示着更宝贵的东西，就像故事里的马粪预示着附近有匹小马一样。她的态度一经转变，多年来压抑的能量立即释放出来。她意识到，心中的恨意是她本能的防御机制，可以让她在爱着女儿的同时，又能维持自己的私人空间不受侵犯。尽管这恨意曾给她造成过巨大的痛苦，但它也是她检视内心阴影、找回完整自我的催化剂。

　　她的收获还不止于此。两个星期之后，奥黛丽的女儿给她打来了电话。原来，奥黛丽冒险尝试了一下，她把自己多年来的真实想法，以及在心理辅导课上的收获，一股脑儿地告诉了女儿。她的话音刚落，女儿就放声痛哭，哭了好久才停下来。女儿告诉她，这一哭把自己多年来压抑的感情，以及对母亲的恨意都释放出来了。女儿约奥黛丽共进午餐，母女两人坐在餐桌前，彼此都感觉与对方的关系亲密了许多，这样的亲密是她们过去从来没有体验过的。她们彼此约定，从此之后再也不刻意压抑心中的感情，因为只有这样，她们才能保持更亲密的关系。

　　如果奥黛丽当初没有足够的勇气来表达她心底的恨意，就不可能有这样的结果。母女两人心中原本都有许多压抑的感情，以至于每当两人在一起的时候，几乎都免不了要吵架。这样的恨意必须得到承认，得到排解和释放。奥黛丽这样做了，她的收获是爱，是与女儿之间更亲密、更坦诚、更美好的关系。

　　我们身上的每一种特质、心中的每一种感情，都可以让

我们得到某一方面的收获。阴影是我们内心世界不可分割的一部分。阴影之所以为阴影，是为了让我们的意识注意到它的存在，只有这样我们才能去关注它，去寻找完整的自我。它会指引我们找到爱，找到同情和宽容，让我们的身心得到治愈。并不是只有"消极"的特质才会陷入潜意识中成为阴影，我们心中同样可能存在"光明的阴影"，那里潜藏着我们未能发挥出来的力量、决心和意志。当我们刻意压抑某些特质时，它们才会成为阴影。当我们赋予阴影以光明，承认和接纳这些特质时，它们就会改变我们的生活，让我们重获自由。

在另一堂心理辅导课上，我在一位名叫帕姆的学员身上目睹了这种改变。帕姆是那种很坚强的女子，嘴里嚼着口香糖，满脸"去你的吧"那种表情。她对我讲的一切都提出质疑，并且坚信她自己内心的阴影并不是什么问题。确实，无论别人说她脾气暴躁还是小心眼，她都毫不在乎，好像人家是在夸奖她一样。然而，她也并不是没有弱点。当我说她为人软绵绵的时候，她带着难以置信的神色瞪着我："我？软绵绵？别开玩笑了！"她心中根本无法把自己跟"柔软""脆弱""女性化"这样的词语联系起来。我暂时没有再跟她交流，因为周末的课程自然会给她以启示。就在第二天，引导学员们做完释放情绪的"舒心操"之后，我让包括帕姆在内

的几个学员来到教室中央，接受其他所有人的拥抱。我之前
从来没有尝试过这样的做法，但是很显然，像帕姆这样的人
最需要的，便是来自别人的爱的表示。当大家拥抱帕姆时，
她大哭起来，嘴里呼唤着她母亲的名字。她断断续续地哭诉
了一个多小时，把心中的痛苦、孤独和悲哀都释放了出来。

后来我逐渐了解到，帕姆还是个婴儿的时候就被父母遗
弃了，她从来没有见过母亲的面，甚至从没见过自己孩提时
代的照片。她雇了一名私人侦探，专门调查她母亲的下落。
那一期课程行将结束的时候，帕姆已经学会了承认自己心中
的温柔之处。所有人都为她的转变感到惊奇。一个星期之后，
帕姆联系了那位私人侦探，发现他已经找到了她小时候的照
片。又过了两个星期，侦探找到了帕姆的母亲，她平生第一
次与母亲说上了话。当我们承认和接纳心中的阴影时，由之
而来的伤痛就会得到治愈。当伤痛不复存在时，我们就可以
用心感受到爱。

按照荣格的说法，"金子总是隐藏在暗处"，而我们大多
数人都不懂得如何去找寻。乔布拉常说："每个人心中都有
一位神祇，这神祇还处于胎儿状态，心中只有一个愿望：出
生。"我们都希望自己心中那颗美好的种子能够发芽滋长，但
常常忘了给它浇水施肥。而我们内心的阴暗面，就是最肥沃
的土壤，只要我们用爱和宽容去灌溉它，就可以让心中的种

子苗壮成长，开出鲜艳的花朵。

练习

　　进行以下的练习时，必须集中注意力，达到全神贯注的状态。你所寻找的答案都在你的内心之中，但只有在安静的时候，你才能听见内心的声音。给自己留出充裕的时间，换上最舒适的衣服，采取最舒适的姿势，关掉手机，把全部精力都投入到练习的过程中。如果你愿意，可以焚一炷香，放一些舒缓的轻音乐，营造出迷离朦胧的气氛。准备好本子和笔，随时记录心中的感受。你也可以把以下的练习步骤录制在磁带上，一边播放一边进行，这样就不必睁开眼睛。

　　做好准备之后，闭上眼睛，深呼吸五次，每次吸气五秒钟，等待五秒钟，然后缓缓将气送出。深呼吸的目的是让你全身放松下来，把全部注意力都集中在呼吸的过程上，这是让心安静下来的最好方式之一。

　　不要睁开眼睛，想象你走进电梯，关上电梯门，按下最底层的按钮。想象你正在下降到意识的最底层。当电梯门打开的时候，你看见门外是一片美丽而神秘的花园。在想象空间中勾勒出花园里的树木、花草和鸟儿。天空是什么颜色的？是一望无际的蔚蓝，还是点缀着白云？体会微风拂面的感觉。你身上穿的是什么样的衣服？是你最喜欢的衣服吗？想象你自己处于最美丽、最光彩照人的状态。脱下鞋子，体会光脚踩在地上的感觉。脚下是柔软的草地，还是细腻的沙地？是干燥的还是湿润的？你面前是否有一条石砌的小径？周围是否有瀑布和雕塑？有动物吗？花一分钟时间仔细欣赏你心灵的花园。

用想象力创造出心灵的花园之后，在花园的正中央想象出一个神圣的席位，你只要坐在这里冥想，就可以找到你一直寻觅的答案。花一分钟时间体会坐在这里的感觉，告诉自己你以后还会常来。重新把注意力集中在你的呼吸上，进行五次深呼吸，让身心进入更深一层的放松状态。

放松下来之后，依次问自己下面的几个问题，不要着急，静静等待内心的回答。得到一个问题的答案之后，睁开眼睛，把答案记录在本子上。记录速度要尽可能快，想到什么就记什么。不必在乎你写下的具体内容，只要让自己心中的情感充分释放出来就可以了。在你记下了第一个问题的答案后，再闭上眼睛，放松下来，回到内心深处的花园里，坐在冥想席位上，深呼吸两次，然后再问自己第二个问题。任何时候都不要着急，给自己足够的时间。

1. 我最害怕的是什么？

2. 我生活的哪些方面需要改变？

3. 我读这本书是想达到什么样的目的？

4. 我最害怕别人发现我的哪些特质？

5. 我最害怕发现自己的哪些特质？

6. 我曾对自己撒过的最大的谎是什么？

7. 我曾对别人撒过的最大的谎是什么？

8. 在我努力改变自己生活的过程中，最大的障碍是什么？

在找到所有问题的答案之后，给自己充分的时间，把心中所有的想法都在本子上记录下来。之后再花一点时间，欣赏你自己回答问题的勇气，然后翻开下一章。

03 第三章
心中的世界

你是你，是我，也是宇宙

　　"不是我们存在于世界中，而是世界存在于我们心中。"
第一次听到这句话的时候，我感到莫名其妙：世界怎么会存
在于我的心中？难道世界上的其他人也都生活在我心中吗？
很久之后我才明白，存在于我心中的乃是各种各样的潜能、
各种各样的可能性，正是这些潜能与可能性把我同世上的每
一个人联系在一起，让全人类成为一个整体。我们每一个人
都是整个世界的反映，每一个人心中都包含了宇宙的全部信
息。当你把一张全息照片剪成许多碎片时，透过每一小片都
可以窥见整张照片的内容。同样地，透过每一个人的内心，
你都可以窥见全人类的思想和情感内涵。

　　大卫·西蒙（David Simon）是乔布拉心理医疗中心的主
任，也是《康复的智慧》（The Wisdom of Healing）一书的作
者。他对此的解释是："全息照片是对二维图片进行处理后得
到的三维图像，其特点在于，无论将全息照片分解成多少碎
片，通过每一块碎片都能重新构建出原先的二维图片。每一
部分都包含整体的全部信息，所以才称为'全息'。构成人体

的每一个原子都是全息的，都携带了整个宇宙的全部信息。将物质凝聚在一起的各种作用力，在每一个原子中都可以找到。人体每一个细胞的DNA分子，都携带了整个生物进化史的全部信息。同样地，每个人的内心都携带了全人类所有思想和情感的信息，只要外部条件成熟，任何思想和情感都可能在任何一个人身上表现出来。只有理解了这种现象，才能认识人生的本质，找到真正的智慧和无限的自由。"

你在积极和消极两方面都拥有无限的潜能，这本书的目的就是帮你认识和接纳这样的潜能，因为只有这样，你才能认清真实的自我，开启通往内心世界的大门。能够包容自我的人，自然也能够包容整个世界。

既然我们身上本来就具有一切积极和消极的特质，那我们自然就不需要刻意伪装，假装某些特质并不存在。许多人都认为自己是与众不同、独一无二的，有些人觉得自己比别人优秀，也有些人觉得自己不如别人。这样的想法会影响我们的生活，在我们与别人之间制造隔阂。在美国，白人、黑人、亚裔、拉丁裔、犹太裔之间的隔阂，右翼保守派与左翼自由派之间的隔阂，都是这么产生的。我们的家人和朋友、我们所处的文化氛围，都会影响我们的想法，让我们产生偏见。"我跟你不同，因为我瘦你胖，我聪明你愚蠢，我勇敢你软弱，我积极你消极。"这样的想法不仅会让我们与别人产生隔阂，也会在我们自己的内心世界中制造隔阂，让我们无法拥有完整的自我。

凡是我们能从别人身上看见的特质，都存在于我们自己身上。如果我们自己没有某项特质的话，就不可能在别人身上辨认出这项特质来。如果你为别人的勇敢所鼓舞，就说明你心里也有同样的勇气。如果你嫌别人太过自私，就说明你心里同样存在自私的种子，随时有可能生根发芽。我们所欣赏的一切、所嫌恶的一切，都可以与我们内心深处的某种东西一一对应。所有人都具有同样的潜能。

研究印度传统医学的专家维桑特·赖德（Vasant Lad）曾说："每一滴水都包含了整个海洋，每一个细胞都包含了整个身体的智慧。"我们作为人类的一分子，包含了全人类在所有方面的潜能，只有认识到这一点，我们才能对自己内心世界的广阔、深邃有一个概念。所有人都拥有爱、力量、创造力和同情心，也都拥有弱点、贪欲、私心和愤怒，只是表现出来的程度不同而已。只要是我们能想到的人类特质，没有哪一种是我们自己所不具备的。要想找回完整的自我，我们必须对自己内心中潜藏的每一种特质都抱以包容和关怀的态度。只有这样，我们才能让我们想要表达的特质最大程度地彰显出来。

城堡内的房间

约翰·威尔伍德（John Welwood）在《爱与觉醒》（Love and Awakening）中把人的内心世界比喻为一座城堡。想象一下，你的心是一座雄伟壮丽的城堡，里面有宽敞的走廊和数以千计的房间，每个房间都是完美的，里面藏有一件独一无二的珍宝。每个房间都代表了你内心中的一种特质，整座城堡就是所有这些特质的统一体。小时候，你可以无所顾忌地进入每一个房间，无论房间里有些什么东西，你都会大胆踏进去。每个房间都与别的房间截然不同。你的整个城堡沐浴在爱的光芒之中。然后有一天，大人们进入了你的城堡，告诉你有几个房间并不完美，不应该作为城堡的一部分。他们说，要想让城堡变得完美，你必须把这些房间的门锁起来。你听信了他们的话，照他们所说的做了。随着你的年龄增长，越来越多的人开始造访你的城堡，城堡里不再是一片光明，而是出现了越来越多阴暗的角落。

由于各种各样的原因，你锁上的门越来越多。当你觉得房间里的东西达不到你的要求时，当你对房间里的东西感到恐惧或羞耻时，就会锁上房间的门。你也会访问别人的城堡，如果发现你所拥有的某个房间别人都没有，你就会把这个房间锁起来。当你所信服的人告诉你某扇门应该锁上时，你就会照他们说的去做。

　　不知不觉间，你的城堡变得面目全非。你再也不能像小时候那样自由出入于每一个房间。有的房间过去曾让你感到自豪，而现在，你巴不得让它们消失。但你无法否认它们的存在，因为它们是城堡本身的一部分。然而，随着岁月的流逝，上锁的房门会被灰尘和蛛网湮没，你全然忘记这些房间的存在。你甚至都没有意识到这一切的发生，因为别人总是给你提出各种各样的意见，告诉你一座完美的城堡应该是什么样的，在这一片嘈杂声中，你很容易忽视内心的声音。最后，你把自己的活动空间限制在不多的几个房间里，全然忘记了城堡原本有多么大，多么雄伟壮丽。

　　城堡中的每个房间，都对应了你内心中的一种特质，有积极的，也有消极的。爱与恨、美与丑、勇敢与怯懦、优雅与粗俗、无私与贪欲、健康与病弱，都存在于不同的房间之中。每个房间都是整座城堡不可或缺的一部分，并且每个房间都有与之对立的另一个房间。我们最大的幸运就是，我们不会满足于在几个狭小的房间里度过余生，而是会本能地去探索、去寻找、去重新发现那些上了锁、被我们遗忘的房间。

　　城堡的比喻是为了让你认识到，你的内心世界确实非常广阔。我们每个人的心都是如此，只要我们愿意敞开心扉，就可以看到内心城堡的全貌。我们往往不敢打开那些锁着的门，因为不知道门后面藏着什么。结果，我们不是去探索门后面的秘密，而是故意欺骗自己和别人，假装门和门后面的房间根本就不存在。如果你真的想改变自己的生活，就必须克服心中的恐惧，走进城堡，把所有锁着的门一扇扇打开。你必须探索自己的内心世界，找回所有曾经被你遗弃的东西。只有这样，你才能重新拥有完整的自我。

我也可能骂小孩

　　我最初开始探索自己的内心世界时，可以说是完全不得要领。我当时以为，尽管周围的世界一团糟，我的内心世界却是"完美"的。我不愿承认，我的内心世界与那些穷凶极恶的杀人犯、无家可归的流浪汉相比，其实并没有那么大的区别。我觉得自己与别人，特别是那些我看不惯的人之间，似乎没有任何共同点。为了改变这种想法，每次遇到我不喜欢的人时，我都会试图告诉自己："其实我和他们是一样的，我心里也有与他们相同的特质。"最开始，我根本无法说服自己，因为我在自己身上找不到与那些人相似的地方。

有一天，当我正在坐地铁时，这一切彻底改变了。跟我同车厢的一个女人不知出于什么原因，对她的孩子破口大骂。我的第一反应是："我绝对不会像她那样对待我自己的孩子。"就在这时，我脑海里突然闪过一个念头："假如我的孩子不小心把巧克力饮料洒在了我的新裙子上，那我会怎么样呢？我肯定会对孩子大发雷霆的！"就在那一瞬间，我悟到了真相。我当然有可能像那个女人一样对待自己的孩子，只不过我不愿意承认罢了。当我看到别人大发雷霆的时候，总是用批判的眼光来看待他们，而不是将心比心，去想想自己在类似情况下可能的反应。我意识到，那些我不喜欢的人表现出来的特质，同样也存在于我身上。尽管我并不是那个大骂孩子的女人，但我身上同样具有缺少耐心、不宽容的特质，只不过没有像她一样在那一刻表现出来而已。

我之所以会对别人表现出来的某些特质感到不屑，正是因为这些特质同样存在于自己身上。意识到了这一点，我才发现，原来我的心灵城堡中还有那么多扇锁着的门。我必须承认，我自己在感觉不好的时候，也会无缘无故对孩子发火。当我看到街上的流浪汉时，会对自己说："假如我无家可归，没有受过像样的教育，又丢掉了工作，那我岂不是也跟他们一样吗？"的确，如果换一种情境，我的表现并不会跟别人有多大的不同。

穿别人的鞋走路

　　我开始尝试将心比心，设身处地，把自己想象成各种各样的人：快乐的人、悲伤的人、愤怒的人、贪婪的人、小心眼的人。过去我很不喜欢胖子，我父亲就很胖，我很讨厌他这一点。然而在我的心态发生转变之后，他在我心目中的形象就变得不一样了。我之所以不像他那么胖，只不过是因为我生来骨骼纤细，新陈代谢速度比较快而已。假如我的新陈代谢速度更慢一些，并且还像现在这样整天吃垃圾食品，那我肯定早已胖得不成样子了。当然，也有些人让我感到无法理解，例如杀人犯和强奸犯。我怎么可能不带丝毫感情地杀掉另一个人？假如有人试图伤害我，或是伤害我的亲朋好友，那我当然有可能失手杀了他，但我怎么可能成为一个冷血杀手？但我转念一想，假如我在狭窄的牢房里被关了十几年，三天两头都要挨打，那我是不是会对所有活着的人都抱有极度强烈的仇恨，恨不得杀之而后快？的确会这样。这并不意味着杀人是可以接受的行为，但是我至少明白了，我自己在某些情况下也可能成为一个杀人犯。

　　假如我难以直接想象自己成为某一类人，就会分析这一类人的特质，然后想象自己是否可能具备这些特质。例如，我无法想象自己怎么可能成为一个"恋童癖"患者，于是我就问自己，"恋童癖"患者通常是一些什么样的人？答案是内心充满恐惧、堕落、变态的人。然后我问自己："我的内心有可能充满恐惧吗？我会堕落吗？我会成为变态狂吗？"这样我就意识到，假如我从很小的时候就失去了家庭的温暖，在别人的恶意凌辱中长大，那我的心理肯定也会扭曲变态，做出什么样的事情都不奇怪。尽管实际情况并不是这样，但我得承认，我自己同样有成为变态狂的可能性。**有些时候，问题并不在于你是否"已经"表现出了某种特质，而在于你是否"有可能"在某些情况下表现出这种特质。**

　　对于我不喜欢的每一类型的人，我都进行了这样的换位思考。当我发现自己也有可能成为像他们一样的人时，自然也就在心中原谅了他们。不知不觉间，我的心静了下来，这正是我一直追求的境界。我意识到，我之所以会讨厌某些人，只不过是因为他们恰巧表现出了某种尽管我自己也具有，却不愿意承认的特质。当别人在我面前吹牛的时候，我不再会因此而瞧不起他们，因为我知道，我自己心中也有吹牛的欲望。我不会再像从前那样在心中假想自己用食指指着别人，数落他们的不是。**当你伸出食指指着别人的时候，你的中指、**

无名指和小指都指着自己。不要忘了这一点。

　　我不再刻意遮掩自己心中的某些消极特质，因为一旦我处在特定的情况之下，这些消极特质自然会表现出来，而只要我不处在那样的情况下，消极特质也就不会形之于外。当你意识到自己是全人类的一分子，你的心中包容了人类所有的可能性时，你就再也不会孤独了。而当你愿意聆听自己心灵的声音，你就不会再给别人的行为贴上"好"与"坏"的标签，也用不着再生活在虚伪的面具下，靠伪装和掩饰来保护自己。

爱上白痴

　　前段时间，我去了趟科罗拉多州，为一对开广告公司的夫妇及其职员进行心理辅导。丈夫的名字叫麦克，妻子叫玛丽琳。我跟麦克夫妇及其子女共进午餐的时候，就个人反映整个世界的"全息理论"展开了一场讨论。麦克和玛丽琳对全息理论并不陌生，所以我们很谈得来。然而在回去的路上，麦克一边开车一边对我说："不过有几种特质我身上是没有的。"我并不觉得惊奇，因为很多人都会有这样的反应，即使他们已经承认了自己内心世界的无限潜能。我自己当初就是这样的。所以我问麦克："哪些特质是你没有的？"麦克答道："我不是个白痴。"我透过后视镜看着麦克的眼睛，告诉他："既然你具有全人类所有的特质，那你当然也是个白痴。"车里一片肃静——我当着麦克妻子儿女的面说他是个白痴。然后，麦克开始向我描述他遇到的各种各样的白痴，以及他跟那些人是多么不同。他说这些话的时候非常激动，我一眼就能看出来，这是他心中非常敏感的一个话题。

等麦克说完，我问他："你难道从来没有做过白痴才会做的事情吗？"他想了一会儿，告诉我他的确做过那样的事情，但立即又开始解释，他这样做的原因跟那些真正的白痴完全不同。我告诉他，心理学上没有"真正的白痴"和"普通白痴"的分别，白痴就是白痴。他之所以对"白痴"这个词如此敏感，或许正是因为这个词触动了他心里最隐秘的某些部分。

回麦克家的路显得相当漫长。我让麦克至少考虑一下这种可能性：他身上并不是没有白痴的特质，只不过他把这种特质深深掩藏了起来，而现在正是他探索自己的内心世界、重新发掘这种特质的时候。他怎么可能拥有人类所具有的所有特质，唯独不是个白痴？再说，做一个白痴究竟有什么不好？我问玛丽琳和孩子们，要是我把她们叫作白痴的话，她们会怎么想。除了麦克，没有人觉得"白痴"这个字眼有什么特别讨厌之处。我又问她们是否经历过与白痴有关的糟糕事情。她们都说没有。

回到麦克家，所有人都下了车。室外的气温是零下十八摄氏度，我从来没有在这么冷的环境中生活过，所以我站在门口一边发抖，一边迫不及待地等着麦克开门。麦克花了好几分钟时间，把身上的每一个口袋都翻了一遍，又在车里找了很久，最终无奈地告诉我们："我好像把钥匙锁在家里了。"沉默了片刻之后，我开口说："什么样的人才会在零下十八摄氏度的天气里把钥匙丢在家里，把自己锁在外面？"包括麦克在内的所有人同时叫道："一个白痴！"大家都笑了。玛丽琳最终找到了她的备用钥匙，打开了门。

暖和过来之后，我要麦克坐下来，仔细回忆他觉得"白痴"这个字眼如此刺耳的原因。麦克最终回忆起来，他小时候曾因为做了件蠢事而遭到别人的嘲笑，于是他决定再也不做任何蠢事。他在自己内心的城堡里锁上了一扇门，因为他觉得门里的东西是不好的。著名心理医师冈瑟·伯纳德（Gunther Bernard）曾说："我们首先忘了自己是谁，然后又忘了自己已经忘了。"麦克的情况就是这样。

那些为我们所压抑、所忘记的特质，往往会极大地影响我们的生活，尽管这种影响是我们平时意识不到的。我们越是压抑某些特质，它们就越会在意想不到的地方冒出头来，努力唤起我们的注意。麦克一方面不愿自己展露出白痴的一面，另一方面又不自觉地与各种各样的白痴来往，这样他才能从别人身上看到自己在这一方面的影子。他不能原谅自己的错误，所以才认为所有犯错误的人都是白痴。他恨自己白痴的一面，也恨任何做出白痴举动的人。他手下的员工都觉得他对人太过苛刻，难以相处。

我告诉麦克，做一个白痴并不一定是件坏事。我要他闭上眼睛，然后问他，白痴最大的优点是什么？他答道，努力。当年，麦克因为不愿让人觉得他是个白痴，所以在各方面都非常努力，学习成绩非常好。拿到某名牌大学的硕士学位之后，他投身会计行业，一如既往地努力工作，最终成为了行业精英。我问麦克，他之所以会这么努力，是不是可以看作"白痴"这个字眼的馈赠？他能不能因此而原谅自己白痴的一面？麦克犹豫了一下，说他会试试看。

第二天，麦克的精神非常好，仿佛年轻了好几岁。他仍然有些犹豫，不愿承认自己白痴的一面，毕竟他对内心的这一面已经压抑了四十多年。我们又谈了很长时间，麦克终于意识到，正因为他不愿承认自己白痴的一面，才会吸引那么多白痴进入他的生活。我告诉他，这正是我们的心灵天生具有的防御机制，一旦我们刻意去压抑某种特质，就会吸引那些更容易表现出这种特质的人，让我们可以从他们身上看见我们自己的映像。

我们需要理解、接纳和包容自己身上的一切特质，因为如果连我们自己都接受不了自己的话，又怎么能期待世界接受我们呢？要想获得别人的爱，我们必须首先建立起自爱。有些人只注意修饰自己的外表，却不注重内心；有些人则太过关注内心世界，从来不肯对着镜子照一照。只有把内与外、积极与消极结合起来，找回一个完整的自我，你才能在不同的情境下控制自己所表现出的特质，达到"从心所欲，不逾矩"的境界。

 练 习

首先找一个舒适的地方，把所有可能分散你注意力的东西都收起来。准备好本子和笔，以及彩色画笔。如果你愿意，可以放一些舒缓的轻音乐。闭上眼睛，深呼吸五次，让自己彻底放松下来。

◎ 认识你自己的光明面

想象一部通往你内心深处的电梯。走进电梯，按下最底层的按钮，进入你心中的神秘花园。在花园里散步，欣赏周围的花木风景，享受浓郁的花香和泥土潮湿滋润的气息。天

气晴好，鸟儿在周围歌唱。想象自己穿着最美丽，最舒服的
衣服。提醒自己，在内心的神秘花园里，你是绝对安全、绝
对舒适的。找一个安静的地方坐下来，闭上眼睛。你的心中
会出现另一个你自己，这一个"你"代表的是你积极的一面，
拥有你全部的力量、勇气、同情和爱。

让这个光彩照人的"你"走过来，在你身边坐下。握住
"你"的手，凝视"你"的眼睛。问这个积极的"你"是否会
永远陪在你身边，保护你，指引你前进的方向。问"你"你
究竟该怎么做才能敞开心扉，让被压抑的情感释放出来。跟
这个积极的"你"拥抱，感谢"你"来看你，邀请"你"常
来你心中的花园做客。

睁开眼睛，记下你方才的体验，包括你所见到、听到和
感觉到的一切。那个积极的"你"是什么样子？对你说了些
什么？不必着急，把你所想到的一切都写下来。用彩色画笔
给那个"你"画一张像。即使你从未学过绘画也没关系，画
的水平并不重要，关键是用心去画。至少画上五分钟的时间。

◎ 认识你自己的阴暗面

重新闭上眼睛，深呼吸五次，让自己放松下来。想象一
部通往你内心深处的电梯。走进电梯，按下最底层的按钮。
这一次电梯门打开的时候，外面是一个阴暗肮脏的地方，要

多糟糕就有多糟糕。你可以想象一片臭气熏天的垃圾场，也可以想象一个爬满了耗子、蛇、蟑螂和蜘蛛的山洞，总之，这是一个你最不愿意来的地方。继续深呼吸，然后朝最阴暗的角落里望去，你会看见一个最卑微、下贱、猥琐的自己。这一个"你"代表的是你消极的一面。仔细观察"你"的样子，注意"你"身上的气味，以及"你"带给你的感觉。哪一个词最适合描述此时的"你"？在你看清楚消极的"你"的样子之后，就可以睁开眼睛了。把你方才想到的那个词，以及你所经历的一切、你心中的感觉都写下来。至少写上十分钟的时间。

◎ 光明面与阴暗面的融合

闭上眼睛，深呼吸，放松下来。坐电梯回到你心中的神秘花园里，欣赏周围的风景，然后找一个安静的地方坐下来。当你感到无比舒适、无比安全的时候，再度让那个积极的"你"来到你身边。等到积极的"你"在你身边坐好，再邀请那个消极的"你"来到你的花园里。让积极的"你"与消极的"你"彼此拥抱，让你最光彩照人的一面与最卑琐下贱的一面拥抱在一起。让积极的"你"释放出爱与同情的光芒，照亮那个消极的"你"。告诉消极的"你"，这里很安全，随时都可以来拜访这里，得到你的接纳和原谅。给自己充分的时间，如果那个消极的"你"不愿意被积极的"你"抱在怀里，不要紧，每天都尝试一次，直到有所进展为止。如果时间过了十分钟左右，消极的"你"一直在抗拒，就睁开眼睛，返回现实世界。

用彩色画笔把你方才经历的一切都画下来，至少画上五分钟的时间。画完之后，再把你的经历和感受写在本子上。

04 第四章

找回真实的自我

否认会让情绪触电

　　"投影"是一种很有趣的心理现象，可惜绝大多数人都不了解其原理。我们会不自觉地用潜意识去影响周围的人，让他们表现出为我们所压抑的特质和情感，或是把容易表现出这些特质和情感的人吸引到我们身边，这就是投影的机制。投影是潜意识的一种防御机制，因为某些特质和情感受到了压抑，无法在我们自己身上自由地表现出来，所以就只能诉诸他人和外物。例如，怀有强烈自卑感的人，往往会觉得周围的人都很自卑。当然，我们之所以会把消极的特质投影到某些特定的人身上，也是因为这些人本来就比较容易表现出这样的特质。这样的人最容易触发我们的潜意识，让我们把自己压抑的东西投影到他们身上。

　　我们在别人身上注意到的特质，都是我们自己所具有的。不妨打个这样的比方：假设你的胸前有一块面板，上面布满了成千上万个电极接口，每个接口都代表了你的一种特质。那些你所承认、所接纳的特质对应的接口，会被盖板保护起来，所以很安全，不会轻易漏电。但是那些你所压抑、所拒绝的特质对应的接口，则没有盖板的保护，当容易表现出这些特质的人接近我们时，他们身上的电极就会自动插进我们的接口。例如，如果我们刻意压抑自己心中的愤怒，就会把暴躁易怒的人吸引到我们身边。我们会一边压抑自己的愤怒，一边鄙视那些暴跳如雷的人。我们拒绝承认自己心中的愤怒，所以只能把愤怒投影到别人身上，只有这样，我们才有重新认识和接纳愤怒这种情感的机会。

对于我们投影到别人身上的消极特质，我们会感到本能的嫌恶。如果你觉得别人傲慢得令人讨厌，就说明你在刻意压抑自己心中的傲气——或许你在生活中经常会不自觉地表现出傲气，或许你拒绝承认自己在某些情况下会变得傲慢。如果你意识到自己对别人的傲慢非常反感，就必须仔细检视自己的生活，问自己这样的问题："我过去什么时候曾经傲慢过？我现在是否很傲慢？我将来是否有可能变得傲慢？"假如不经仔细思考就草率地给出否定的答案，那这种态度本身就是傲慢的表现。用自己的标准去判断别人，这本身就是傲慢的表现，我们所有人都有可能做出这样的表现。如果你能够承认和接纳自己心中的傲慢，就不会对别人的傲慢感到非常反感，因为在你身上，"傲慢"的接口已经被盖板保护起来了。只有在我们欺骗自己，拒不承认自己心中某些特质的时候，才会对别人表现出来的这些特质过敏。

拥抱种族歧视者

　　我最初开办心理辅导课程的时候，在讲台上总是很紧张，生怕得不到学员们的承认。我努力培养自己的气质，好让学员们更容易相信我说的话。当时我在加州的奥克兰开课，学员中有三分之二都是黑人，这对我来说是一种全新的体验，我决心努力开导他们，帮助他们。在第三堂课上，一位名叫阿尔琳的学员起身发言，她的语气非常尖锐，让我从内心深处觉得反感。到最后，我几乎听不到她在说什么，因为我的心已经被反感和愤怒的情绪填满了。我想，要是这女人来上课的目的就是让我下不来台，那她不如闭上嘴巴走开。我居然会对一个学员产生这样的想法，这让我感到很吃惊。我闷闷不乐地回到家里，努力在自己心中寻找和接纳阿尔琳所表现出来的特质——愤怒、尖刻、瞧不起人、富有攻击性。然而，这样并没有取得什么成效。

　　之后的一个月里，我每次开课的时候，阿尔琳的发言都是那么尖刻，让我感觉非常不好。我花了许多时间分析，为什么自己会对她的态度这么敏感。无论我怎么努力，都无法克制心中对她的反感。最后我终于忍不住了，给辅导班里的另一名学员苏珊打了个电话，问她阿尔琳为什么如此讨厌我。苏珊回答："不要担心，她只不过是个种族主义者而已。"我挂上电话，心里涌起一阵恶心。我反复告诉自己："我不是个种族主义者。"我努力回忆小时候跟黑人小朋友们一起玩耍、一起运动的经历。我想起了我的父亲，他一直都坚决反对种族歧视，是佛罗里达州第一个选择黑人作为法定伴侣的白人。我敢肯定，我绝不是个种族主义者。

那天夜里，我躺在床上思考下一堂课的内容时，脑海里总是萦绕着苏珊的话："她只不过是个种族主义者而已。"就在我昏昏沉沉，快要进入梦乡的时候，脑海里忽然产生了这样一个问题："阿尔琳第一次起身发言，让你难堪的时候，你心中是怎么想的？"忽然之间，我的心沉了下去，因为我回忆起了当时一瞬间的想法：你这个愚蠢的黑鬼女人。这几个字压得我喘不过气来。我想，这怎么可能？我绝不是个种族主义者，我当时不可能有这样的想法，即使有也不是故意的。我的心中充满了恐惧。我知道，种族主义是我内心阴影的一部分。

我在耻辱中啜泣了几个小时，因为我从内心深处觉得，我背叛了奥克兰所有信任我、关心我的黑人朋友们。无论我怎么努力，都不愿意承认自己是个种族主义者的事实。那些关于接纳阴影、包容阴影的理论，在那时显得如此不堪一击。

第二天，我站在镜子前，反复告诉镜中的自己："我是个种族主义者，我是个种族主义者。"渐渐地，我的心情稍微好转了一些。我开始寻找种族主义可能给我带来的收获。我想起，父亲当年总是说所有人都是平等的，只有我们都意识到这一点，才能获得真正的自由。正因为我不愿做一个种族主义者，所以才会努力帮助黑人和其他受歧视的弱势群体。那段时间，我刚好在为一个叫作"狱中机遇"的慈善项目募捐，为在押的黑人和其他少数民族罪犯谋求福利。如果我心中没有对种族主义的抵触，就不会这么做，这就是种族主义给我带来的收获。当我最终能够接纳内心中的种族主义阴影时，感觉仿佛卸下了千斤重担。

那天晚上，当我再度走进教室的时候，心中感觉非常充实，满怀希望。课程进行到一半，阿尔琳又一次举起了手。我犹豫了一下，还是让她自由发言。当时我们正在讨论下一期辅导班的内容，所以我感到很紧张，不知道她是否打算退出。阿尔琳站起来，微笑着说："这期辅导班让我很满意。"然后她开始描述自己在心理调适方面取得的进展。这一次，她的话非常真诚，没有一丝一毫的尖刻。

阿尔琳的转变太过突然，让我一时感到无所适从，所以我决定等一等，先不急着下结论。下一次课上，阿尔琳又一次举手发言，她说课程内容确实给她的生活带来了很大的改变，她非常感谢我为她和全班学员们付出的一切。课程结束之后，我找到阿尔琳，问她："你怎么了？"她看着我的眼睛回答："我也不知道。上次课上，我走进教室的那一瞬间，突然觉得你这个人其实蛮不错的。"

这一次经历不仅改变了我的生活，而且证明了我先前的结论：只要我们承认和接纳自己心中的某种消极特质，别人表现出来的这种特质就不会对我们产生影响。只有这样，我们才能与别人真诚相处。

别人的缺点就是我的缺点

超个人心理学家肯恩·威尔伯（Ken Wilber）在《认识阴影》（Meeting the Shadow）一书中写道："自我层面上的投影现象非常容易辨认。如果我们仅仅是'感觉'到某个人或某种事物的存在，那么他/它通常不会带有我们的投影。如果我们为某个人或某种事物所'影响'，那么他/它很有可能携带了我们的投影。"如果你能理解这句话的含义，就说明你对投影现象已经有了非常清楚的认识。举个例子，假如你走在人行道上，旁边路过的人随地吐了口痰，尽管你注意到了，却并不觉得特别反感，那就说明你在这方面没有什么阴影。但如果你非常反感，心里想，这人怎么会这样恶心？那就说明他的做法是你自己的投影。或许你自己也曾做过一些恶心的事情，或是出于某种原因而不能原谅自己做出恶心的举动。因为你不能容忍"我也有可能做出恶心的事情"这样的想法，所以才会觉得那个随地吐痰的人令你无法忍受。这一切或许在你很小的时候就埋下了种子。或许你小时候也曾有过随地吐痰、被人痛骂的经历，或者是你见过别人随地吐痰受到批评，无论原因是什么，你都下定决心，绝不再做任何类似的恶心事情。如果你发现自己对别人的某些特质非常敏感，那就要注意了，这些特质往往正是你所刻意压抑的。你应该以此为契机，探索自己的内心世界，重新接纳这些原本被你排斥和否定的特质。

读到这里，或许你会想："这真是太荒谬了。难道我应该主动去做一个傲慢的人，或是一个恶心的人？"当然不是这样的。你没有必要去刻意表现出那些原本为你所压抑的特质，你所要做的只是承认你身上确实存在这些特质。据说，曾有一位哲学家跟伊斯兰教苏菲派的智者纳斯鲁丁（Nasrudin）约好，要在某天某个时候展开一场辩论。到了约定的时间，哲学家去纳斯鲁丁家里找他，却发现他外出不在。哲学家一怒之下，在纳斯鲁丁家的大门上用石灰写下了"笨蛋"两个字，然后扬长而去。纳斯鲁丁回到家，看见门上的字，立即去哲学家的家里找他。"真对不起，我忘记了我们之间的约定。"纳斯鲁丁对哲学家说，"但是我一看见你把自己的名字写在了我家大门上，立马就想起来了。"

我们之所以会对别人的某些做法特别敏感，往往是因为这些做法与我们自己的心灵阴影有关。如果我们在批评他人的时候能够好好反思一下自己的话，就会发现，这些话往往更适合用来形容我们自己。故事中的哲学家完全有可能因为纳斯鲁丁不在家而感到担心，生怕他是生病了或者受伤了，但是他没有这么想。他完全可以在门上写下其他的字，例如"骗子""小人"或是"懦夫"，但是他偏偏写下了"笨蛋"二字。为什么？因为这位哲学家刻意压抑了自己作为"笨蛋"的特质，所以他一发现纳斯鲁丁不在家，立刻就把自己压抑的"笨蛋"特质投影到纳斯鲁丁身上。

我们眼中别人的缺点，几乎都是我们自己内心中缺点的投影。我们对别人评头论足时，其实是在评论我们自己。那些被你压抑的消极特质和想法，有可能会在你意料不到的时候突然爆发出来，伤害你周围的人，也有可能会影响你的潜意识，伤害你自己。你遇到的每一个人、每一件事，都不是偶然的，都折射出你自己真实的内心世界。

当你给别人取外号时，不妨停下来想一想，这样的外号是不是同样适合你自己。如果你对自己足够诚实的话，答案必然是肯定的。世界就像一面镜子，反映出来的永远是你自己的形象。你身上的每一种特质都有其意义，每一种特质的存在都是合情合理的。

注意伪装的行为

前不久，我发现自己在心理辅导班上经常过问学员们进行冥想练习的情况，提醒他们每天一定要至少花半个小时进行练习。意识到这一点之后，我很快就找到了原因：我自己已经很长时间没有做过冥想练习了。我内心中的某一部分正渴望着安静下来，好好放松一番。由于家里有个三岁的女儿，所以我每次都有合理的借口不去练习。我对学员们进行冥想练习情况的关注，只不过是我自己缺乏练习的投影而已。意识到这一点之后，我坚持每天抽时间进行冥想练习，不知不觉间，我对学员们的练习情况也没有那种病态的关注了。

我们内心的阴影往往藏匿得很深，很难发掘出来。如果没有投影机制的话，有些潜藏的特质我们一辈子也发现不了。有些人早在孩提时代就已经养成了压抑这些特质的习惯。打个比方，假设你小时候跟别的孩子玩耍，把一枚硬币藏在了隐秘的地方，二十年、三十年、四十年后，你很可能已经彻底忘记了这件事，更别提硬币藏匿的具体位置了。只有让这枚硬币自己发出光芒，你才有可能找回它。

我的侄女们从达拉斯过来看我时，我总是非常关心她们的饮食情况。一起出去吃饭的时候，我通常会点一些低脂肪的食物，如果觉得她们吃得太多，就建议她们不要饭后吃甜点。她们上次来看我的时候，我们在厨房里聊了很久，主题就是我们每个人在周围家人身上的投影作用。我们轮流总结，哪些人受了哪些人的投影影响，这确实是一件很好玩的事情。轮到我总结时，我忽然意识到，我之所以特别在乎她们的饮食结构，是因为我自己的饮食习惯不够健康。为了遮掩这一点，我总是在她们面前装出一副非常在意科学饮食的样子。由于我自己身材还算不错，所以可以骗过她们。意识到这一点之后，我再也不挑剔侄女们的饮食习惯了，我们之间的关系比以往又近了一层。

许多人都会极力避免在某些方面成为像自己父母一样的人，这其实也是投影作用的一种体现。如果你的母亲待人严厉，你可能会对人非常宽容；如果你出身于贫穷的家庭，可能会努力追求财富；如果你的父母控制欲非常强烈，你可能非常软弱，缺乏领导和指挥别人的能力；如果你父亲对你母亲不忠，你可能会对自己的伴侣非常忠诚；如果你的父母很懒惰，你可能会成为一个工作狂。这样的例子实在太多了，很多情况下，你的这种与父母相反的倾向，只不过是遮掩你自己内心世界的伪装。

　　我曾遇到过一位叫何莉的学员，她不喜欢她的父亲，因为她觉得他实在太吝啬了。何莉每次回家都要给家里的所有人准备昂贵的礼物，还经常请朋友们出去吃饭、看电影。她为自己的这种慷慨大方而自豪。我告诉她，她必须承认自己也有吝啬的一面，只有这样她才能跟父亲重归于好，但是她并不相信我的话。我跟何莉进行过好几次这样的谈话，每次她都觉得自己待人非常大方，根本没有吝啬的一面。几个星期后的一天，何莉在一家超市里给我打了个电话。她说，她忽然意识到自己刚刚花了接近一个小时的时间，对比各种商品的价格和分量。她花五百美元买一件运动衫都不会眨一下眼睛，但却会为了节约几分钱而纠结这么长时间。突然之间，她意识到，她其实也有吝啬的一面，只不过表达的方式跟她父亲不同罢了。她一边说一边抽泣，压抑了这么多年的情感突然爆发出来，让她不知如何是好。

　　过了一段时间，何莉终于意识到，吝啬的特质同样能给她带来收获。她学会了买东西时精打细算，并且开始为将来退休后的生活积累存款。在此之前，她花钱总是大手大脚，从来都存不下钱。她与父亲之间的关系也改善了很多。

别人就是自己的镜子

只有承认和接纳了你身上具备的所有特质，你才能拥有真正的自由。如果你刻意避免表现出某一种特质，你的生活就会受到很大的限制；如果你无法表现出懒惰，就无法彻底放松下来；如果你无法对别人表现出愤怒，就会受人欺负；如果你因为讨厌别人身上的某种特质，刻意往相反的方向去表现，那就说明这种特质是你刻意压抑的；如果你特别反感某一类人，就应该寻找自己与他们的相似之处。我们不仅会把自己的消极特质投影到别人身上，也会用自己的积极特质去影响别人。许多富有才干和创造力的人，都会对周围的人们造成积极的影响。如果你希望变得像这些人一样，就说明你也具备他们所表现出来的那些特质，只不过表现得不那么明显而已。

当你崇拜某些人时，其实是在把自己内心深处的某些特质投影到他们身上。如果你能把目光收回来，发掘自己的积极特质，而不是崇拜和羡慕别人，就可以像你所崇拜的人那样取得成功。每个人都可以成为自己的偶像。关键在于承认和接纳完整的自我，而不是把自己刻意压抑的特质投影到别人身上。

近一年来，我一直跟一位名叫蕾切尔的年轻女士合作，共同在迈阿密开办心理辅导课程。蕾切尔不仅长得漂亮，而且很聪明，很有才干。她起初对我非常崇拜，我们两人在一起时，她总是夸我有多么聪明，能力有多么强。尽管我知道蕾切尔确实很尊敬我，但是她这样的态度并不是自然的，而是她把自己的聪明才智投影到我身上的结果。

所以，我并没有对她的赞誉之词照单全收，而是经常找她谈话，努力让她意识到自己的潜能。经过几次谈话以后，我发现，她认为我具有某些她所没有的积极特质。为了让她明白事情并不是这样，我要她具体分析一下，我身上究竟有哪些特质是她认为自己没有的。蕾切尔的情况就属于积极投影，因为她把自己的积极特质投影到了我身上。我成为了她的镜子。因为她并没有发挥出自己的全部潜能，所以只能通过我来认识她自己的阴影。在这种情况下，如果我从她的生活中消失，她的这些积极特质就会重新潜伏起来，直到她把它们投影到下一个人身上为止。那些我所表现出来的、令她崇拜的特质，其实只不过是她自身潜能的反映而已。

如果我们压抑了自己的积极特质，就会觉得别人身上的这些特质是我们所不具有的。当我们崇拜别人的时候，其实是在崇拜我们自己的影子。这种积极的投影作用与消极的投影作用一样，都是有害的。我们必须探索自己的内心世界，找出投影的源泉，承认这些特质原本就存在于我们心中。只有这样，我们才能发挥出自己的全部潜能，找回完整的自我。

如果说我崇拜马丁·路德·金的勇气，那是因为我从他身上看到了我自己所能表现出来的勇气；如果说我崇拜奥普拉·温芙瑞的影响力，那是因为我从她身上看到了我自己所能达到的影响力。绝大多数人都会把自己心中潜藏的积极特质投影到他们所崇拜的人身上，这就是影视明星和著名运动员收入如此之高的原因。**人们只是一味崇拜这些所谓的偶像，却不知道他们的生活究竟是什么样子。偶像变成了代表某些积极特质的符号，人们所崇拜的，并不是偶像本人，而是他们投影到偶像身上的积极特质。**如果你觉得别人很伟大，那是因为他们表现出了你自己也有可能表现出来的伟大。闭上眼睛，告诉自己："我与那些我所崇拜的人同样伟大。"或许你并没有像他们一样，把内心中的伟大表现出来，但是如果你不具备这种伟大的话，就不可能被他们的伟大所触动。你所要做的，就是发掘自己的伟大。

有些人觉得自己的生活与他们所崇拜的人相差太远，所以不可能成为那样的人。例如，有些人崇拜文艺复兴时期的艺术大师米开朗基罗，但是他们的生活方式与那个年代相差太远，所以他们觉得自己无论如何也达不到米开朗基罗的境界。其实，他们应该仔细分析一下，他们所崇拜的究竟是米开朗基罗的哪些特质。如果他们崇拜的是米开朗基罗的艺术天赋，那就说明他们自己的艺术天赋并没有被开发出来；如果他们崇拜的是米开朗基罗的创造力，那就说明他们自己的创造力受到了压抑。如果他们能够把自己在这些方面的潜能充分表现出来，就不必再去崇拜米开朗基罗，或是任何别的艺术家。

你所崇拜的必然不是一个具体的人，而是这个人身上的某些特质，你自己同样拥有这些特质。你对这个人的崇拜，反映了你想要表现出这些特质的愿望。乔布拉曾说："愿望本身就包含了实现愿望的可能性。"换句话说，凡是我们心中的愿望，必然是我们有能力实现的，如果某种东西不可能实现，我们也就不会把它作为愿望了。事情就是这么简单。歌德曾说："人能够想到、能够相信的，一定是能够实现的。"关键在于克服我们心中的恐惧，因为恐惧会让我们止步不前。别人会告诉我们，我们没有足够的能力，不可能实现我们的梦想。记住，你在这世上是独一无二的，没有任何一个人能拥有与你完全相同的经历、梦想和追求。要发挥你的潜能，实现你的目标，只能靠你自己。

几个月之前，一位名叫南茜的朋友来拜访我，我邀请她跟我一起去听励志讲座，主讲者是世界上最成功的励志大师之一。讲堂上，我们都很安静，我一直在专心做笔记，并没有注意南茜的神情。讲座结束之后，南茜对我说："那家伙真失败。"我感到非常惊讶，问她为什么会这样想。她告诉我，那人实在是太过自负了，根本不知道自己在说些什么。开车回家的路上，她不断地挑剔那人的缺点。到家之后，我问南茜，她是否真的觉得那人很失败。她用非常肯定的眼神看着我，点了点头。于是我找来纸笔，问她愿不愿意和我一起分析一下这个问题。她犹豫了一下就答应了。

在纸的正面，我把我所知道的关于主讲者的一切都写了下来。他在一家世界五百强的公司担任顾问。他已经出版了许多励志书籍和磁带，收入颇丰，单单一场演讲的出场费就高达五千美元。他结婚已经二十多年了，有三个健康的孩子。在纸的背面，我写下了南茜的情况。她跟丈夫离了婚，没有孩子，跟家人也很少联系。她失业之后一直想自己开公司，但却一直没能成功。她体重超标，身材很糟糕，并且患有好几种疾病。她不仅没有一分钱存款，还欠下了超过五万美元的债。等南茜读完纸上的内容，我问她："假如我现在去找十个人来，把这张纸的正反两面给他们看，你觉得他们会认为谁比较失败？"

起初，南茜根本不愿开口说话，因为我说她是一个失败者，这触动了她最脆弱的神经。我对她解释，她只有承认和接纳了自己作为失败者的一面，才能把握自己的生活。她之所以说那个主讲者很失败，是因为她把自己作为失败者的一面投影到了他身上。几个小时之后，南茜终于意识到，她在内心深处一直觉得自己是个失败者。这样的想法让她非常痛苦，所以她总是刻意去压抑它，否定它的存在。她的父亲曾对她说，她这辈子注定一事无成，这话对她的影响非常大。从小到大，她的潜意识让她经历了一次又一次的失败，但她总是不承认自己是个失败者，总是把自己的失败投影到别人身上。南茜意识到了这一点之后，终于能够接受自己作为失败者的一面，放下心中的包袱，开始新的生活。现在，她已经找到了一份新的工作，不仅收入丰厚，而且生活非常幸福。

老话说得好："只有自己才能认清自己。"我们在别人身上看到的特质，往往是我们自身的投影。如果我们能够承认和接纳自己的这些特质，就可以用更自然、更轻松的眼光看待别人。有人说，**空气对鸟儿来说是一个谜，水对鱼儿来说是一个谜，人对自己来说是一个谜。我们很难直接认清真实的自我，只能把周围的世界当成镜子，从镜子里看清自己的形象。**

1.花一个星期的时间，记录你对别人的评价。当你对别人的某种做法或特质感到不满时，尽快用笔把当时的情况和你的感觉记录下来。随时记录你对亲朋好友和家人的看法。

那些让你特别敏感的做法和特质，往往正是你内心的阴影所在。当你分析自己心中的阴影时，记录的内容可作借鉴。

2.记录你给别人的建议。你是否会经常建议别人去做某些事情？这些事情是否其实是你自己想要做的？有些时候，我们给别人的建议，其实是对自己该做的事情的一种提醒。

05 第五章
认识阴影，认识自我

人人皆有金佛

我们每个人心中都藏着一块闪闪发光的金子，那是我们灵魂的精髓。然而，这块金子往往会被黏土掩盖起来，这黏土是我们心中的恐惧，是我们为了遮掩自己内心世界而戴上的面具。只有直面内心的阴影，才能摘下这层面具，把我们最宝贵、最美好的一面展现出来。

1957 年，泰国一家寺院迁址，其中一部分僧人负责搬运寺院里一尊巨大的黏土佛像。在搬运过程中，一名僧人注意到，佛像表面的黏土上出现了一丝裂缝。为了避免佛像受损，僧人们决定暂时中止佛像的搬运工作。那天夜里，一名僧人打着手电筒来检查佛像的时候，忽然发现裂缝处在手电光下发出了奇异的反光。这让僧人非常好奇，于是他找来了锤子和凿子，开始凿宽佛像上的裂缝。随着一块块黏土的落下，佛像逐渐现出了黄澄澄的颜色。最终，辛苦了几个小时的僧人抬起头来，发现灰扑扑的土佛已经变成了一尊华贵的金佛。

许多历史学家相信，这尊金佛是在几百年前被当时的泰国僧人们用黏土覆盖起来的，因为当时缅甸的军队正在入侵泰国，他们要保护佛像不被敌军掠走。所有参与保护佛像的僧人都死于战火，所以，直到1957年寺院搬迁的时候，佛像的秘密才重新被人发现。我们的内心世界，就像那尊被黏土覆盖起来的金佛一样。因为害怕外面的世界，我们会用恐惧把心中的金子掩藏起来。只有鼓起勇气，敲掉表面的黏土，才能让金子重新焕发出光芒。

我有时会遇到一些常年接受心理治疗的人，他们总要问这样的问题："这一切究竟什么时候才能结束？我还得忍多久？我还要付出多少努力，才能一劳永逸地解决所有问题？"这样的人并没有意识到，自己心中的那块金子是被黏土保护起来的。他们只是一味地憎恨那层黏土，却没有意识到它所发挥的保护作用。

我们之所以需要面具的遮掩，是因为面具能够在许多方面保护我们的心灵。尽管我们的最终目标是摘下面具，还原真实的自我，但要达到这一目标，我们必须首先弄清楚面具的作用。

当那位僧人最终凿开佛像外面的黏土外壳时，佛难道会说"终于解脱了！我对这层黏土实在是深恶痛绝"吗？还是会为这层黏土赐福，因为有它保护，佛像才不至于被敌军掠走，背井离乡？

不要成为伪装大师

　　我自己年轻的时候，总是把大大咧咧、满不在乎的态度作为保护自己的黏土壳。似乎只要对自己说一句"这一切我都不在乎"，什么样的事情都可以挺过去。当我开始探索自己的内心世界时，这层黏土就裂开了一条缝隙，让我得以窥见里面金子的颜色。然而，只有当我学会理解这层黏土存在的意义，以及它的具体成分——我用来保护自己的各种观念和情感时，才能最终打破它，让内心世界重放光芒。

　　你心中的黏土壳，就是你用来展示给别人看的那层面具。藏在面具之下的那些特质，就是你内心的阴影。阴影的内容往往与我们所展示的面具截然相反。有些人表面上无比坚强，内心却非常敏感；有些人表面上风趣幽默，内心却非常悲观；有些人表面上和和气气，内心却非常暴躁；有些人表面上聪明伶俐，内心却总觉得自己非常愚蠢。许多时候，我们的面具实在太过完美，不仅骗过了别人，也骗过了我们自己。要想透过面具检视自己的内心世界，我们必须首先意识到这一点。当我们感到不满意、不高兴、不痛快的时候，这是我们的面具与内心阴影在相互冲突。

要想改变生活，你必须首先改变观念。你必须承认面具本身的积极意义——保护你的心灵免遭伤害，而不是一味把面具当成妨碍你实现梦想的阻力。毕竟，面具也是你的一个方面，也是你内心世界的一部分。

当你找回真实而完整的自我时，自然也就不再需要面具的保护了。你用不着再伪装成另一个人，用不着再掩饰任何东西。大多数人之所以很难做到这一点，是因为他们不愿承认"自我"的客观性，不愿交出对自己生活和情感的控制权。索甲仁波切在《西藏生死书》（The Tibetan Book of Living and Dying）中曾说：

"我们记不起自己真正的身份——本性。因为狂乱和害怕，我们到处寻找，胡乱抓一个认同者，却抓到一个正掉入深渊的人，这种虚假无知的认同就是我们平时说的所谓的'自我'。"

这里所说的"本性"就是真实的自我（self），而我们平时所认同的往往是虚假的、意识层面上的"自我"（ego）。当你开始发掘内心的阴影时，或许心中会出现一个声音，声嘶力竭地叫你停下来。不要理会那个声音，因为它只不过是你虚假的自我而已。只有推翻了对自我的虚假认识，你才能恢复自己的本性，找回真实的、完整的自我。

阴影会隐藏

　　以他人为鉴，可以帮助你认清自己的面具。跟你的朋友、爱人、家人和同事谈话，问他们最喜欢你的哪些特质，最讨厌你的哪些特质。努力让他们表达出心中的真实想法，让他们明白，你不会因为他们泄露了你的"秘密"而报复他们。或许你会发现，你在别人心中的形象与你对自己的认识并不相同。别人往往能发现你身上一些隐藏得很深的优点和缺点。

　　许多人都不愿意这样做，因为他们害怕别人的判断。"判断"这个字眼的分量很重，所以我更愿意采用"反馈"这个说法。别人的反馈可以为我们提供很大的帮助。我们当然用不着被别人的看法左右，但如果我们害怕了解周围人对我们的看法，就应该好好反思一下。许多人之所以害怕了解别人的看法，是因为他们担心别人会把他们最恐惧的事情揭露出来。而他们之所以会如此强烈地否认和排斥这些事情，往往是因为这与他们心中的阴影有关。**只有当你欺骗了自己的时候，才会害怕别人揭穿这一骗局。**不妨举个例子说明一下。

　　我曾为一位名叫凯特的女子进行心理辅导。当我要她去了解周围人们对她的看法时，许多人都告诉她，他们觉得她不够诚实。这让凯特很不高兴，因为她一辈子都在努力做一个诚实的人。我几乎可以断定，她一定是刻意压抑了自己的某种特质，才会出现这样的情况。我让凯特闭上眼睛，尽可能如实回答我的问题。经过深呼吸放松之后，我引导着她进入内心深处的神秘花园，然后问她过去是否曾经撒过谎，或是有过别的什么不诚实的表现。凯特紧闭的眼睛里一下子涌出了泪水。她沉默了许久，终于开了口。

凯特一直都想成为一名医生。她从医学院毕业之后，在新奥尔良的一家大型医院实习。实习第三个月的一天傍晚，医院里的所有人都很忙，凯特也不例外，正在给病人查房。一位女病人正在进行心脏输液，需要用生理盐水清洗输液管。凯特身边没有护士，所以她只好自己去走廊另一端取药。负责管理药品的护士递给她一管溶液，她来不及检查上面的标签，就把溶液注入了输液管。输液开始没多久，那位女病人就出现了心肌梗死症状。凯特这才注意到，她手里拿的并不是生理盐水，而是等渗氯化钾溶液。她立即停止输液，为病人进行急救，直到病人脱离危险。医生们分析问题原因的时候，凯特已经把装溶液的瓶子和标签藏了起来。她非常害怕，因为她违反了医护人员的基本守则——注射前一定要检查药液标签——并且这个错误险些要了病人的命。医生们问她究竟发生了什么，她撒谎说自己什么也不知道。这是凯特第一次把这件事说给别人听。事实上，她在实习期结束的时候，就对自己发誓，永远不再犯同样的错误，然后就把这件事情忘掉了。

之后的十六年里，凯特成为了著名的内科专家，发表了许多论文。她一直以自己在专业方面的诚实态度为荣，对那些学术造假者则十分鄙视。然而，她的亲朋好友们却认为她还是不够诚实。凯特已经把心中所有关于"说谎"的记忆全部掩藏了起来，所以无法意识到自己在生活中的种种不诚实的表现。她表面上的诚实其实是一层面具，是为了遮掩当初说谎的记忆。她伪装得太好，以至于把自己都骗过了，但是却没有骗过身边的亲人和朋友们。

凯特在否认那一次说谎经历的同时，也就把"不诚实"这种特质压抑了下去，使它变成了心中的阴影。在跟周围人交往时，她有时会说谎，却意识不到自己正在说谎。她总是抱怨别人不理解她。她害怕过于亲密的感情关系，拒绝任何人进入她的内心世界，以免别人发现她的秘密。心理辅导让她意识到了这一点，这是她开始重新认识自己的第一步。当凯特最终睁开眼睛的时候，看上去仿佛瞬间年轻了十岁，因为她终于放下了心头的重担。她感到非常轻松，充满了力量，却不知道是为什么，于是我就对她解释了这种现象发生的原因。

掩饰你自己身上的特质，会让你在不知不觉间消耗大量的精力。如果你不信，不妨做个实验证明一下。随身携带一件体积不算太小的东西，比如一个柚子，并且要随时藏好，既不能让自己看见，也不能让别人看见。这样过了几个小时，你会不会感觉到精疲力竭？其实，为了掩饰那些为我们否认、排斥的特质，我们所付出的精力比这要大得多，并且任何时刻都无法放松下来，直到我们承认这些特质的存在为止。当你最终能够直面自己内心的阴影，承认和接纳真实的自我时，所有的压力都会瞬间消失，你会感觉无比轻松。当你能够接纳自己的内心世界时，整个世界都会对你敞开怀抱。

看到了你在说什么

别人不仅能看到你的一言一行，也会注意到你举手投足间透露出来的细微信息，如果这些信息与你的言行不符，他们很容易就能注意到。所以，如果你想要了解自己的话，最好去问别人。爱默生曾说："你的本性所表达出来的信息如此强烈，我再说什么你都听不清了。"那么，你的本性所表达出来的信息究竟是什么呢？你的表情和身体姿势，无时无刻不在表达你内心中的信息。近期的研究表明，在人们相互交流的过程中，语言所携带的信息仅占总信息量的 14%，另外 86% 的信息都是通过表情、身体语言等渠道传递的。不妨问问自己："我的表情和姿势传达了什么样的信息？信息内容与我的言行有矛盾吗？我感到悲伤的时候，脸上会不会带着微笑？我向别人夸耀自己的生活时，会不会表现出一副疯狂的样子？当我站在镜子前的时候，还能对自己的身材感觉良好吗？当我在镜中看着自己的眼睛时，是感到自信还是想要逃避？"

或许你不愿面对这些问题，因为答案是你所不喜欢的。喜不喜欢是你的自由，但这些答案的确会给你提供相当大的帮助。前段时间，我主持了一期心理辅导师培训课程。在课上，我把学员们的发言过程都用录像机录了下来，这样他们就可以从旁观者的角度看到自己的表现。

一位名叫桑德拉的年轻女学员站起来发言时，我一边录像，一边观察她的表现。尽管桑德拉的发言内容很精彩，但最吸引我注意力的则是她身体性感的姿势，以及一些富有挑逗意味的小动作。当她发言结束时，我问她感觉自己表现如何。她回答的时候，仍然是那么性感，并且仍然会不时做出那些小动作。其他学员对她的评价基本都是"可爱""性感""自我感觉良好"之类。我告诉她，如果我是个男人的话，或许在课后就会请她出去喝上一杯。但作为一个女人，我可能会被她的那些小动作冒犯。她发言的目的是为了帮助别人解决问题，然而她的表情和肢体语言完全吸引了听者的注意力，仿佛在说："看哪，我是这么漂亮、这么性感。你喜欢我吗？你是否觉得我很有吸引力？"尽管她并没有明说出来，但是会给所有听她讲话的人这样的感觉。接下来我把录像机调成无声模式，把桑德拉讲话时的姿势和动作重新播放了一遍，这让她自己感到很惊讶。我问她为什么要这样做，她的回答是，她觉得只有这样才能让别人喜欢她，特别是吸引男人们的注意力。

事实上，她的做法限制了她跟别人之间的交流。为了成为一名心理辅导师，桑德拉已经进行了好几年的学习，现在她终于有了当着一群人的面发言的机会，但她展示出来的并不是她想表达的信息，而是她用来掩饰自己的面具。尽管桑德拉对此感到又生气又难堪，但她并没有因此而退缩，而是以此为契机，努力发掘自己渴望吸引男人注意力的深层原因。最终，她找到了与此相关的阴影特质，成了一名非常优秀的心理辅导师。

探索阴影的第一步：揭露

向别人询问他们对你的真实看法，绝不是一件容易的事。

要面对真实的自我，你需要足够的勇气和决心。然而，如果你不去了解自己的话，就不可能改变自己的生活。人们在发掘出自己长期受到压抑的一面时，通常会经历剧烈的情感波动，这是正常的现象，不需要刻意去压抑。你只会因此而更好地认识自己，并不会改变或是丧失自己的本性，而是从内心深处的阴影中找回了原本就属于你的一部分本性。认识阴影、发掘阴影的过程，就是重新认识自己的过程。

发掘阴影的另一种方法，是把你最欣赏的三个人和最憎恨的三个人分别列出来。你最欣赏的人，应该是那些你非常想模仿的人；你最憎恨的人，应该是那些让你感觉到愤怒或讨厌的人。你所列出的可以是你认识的人，也可以是不认识的人，可以是政治家、演员、作家、音乐家和慈善家，也可以是抢劫犯、变态狂和连环杀手。列表完成之后，再在后面标出每个人所对应的三种特质。最后，在另一张纸上把你标出的所有积极特质和消极特质分别列出来。以下是我自己的列表：

马丁·路德·金——富有远见，勇敢，诚实

杰奎琳·肯尼迪（美国第 35 届总统夫人）——优雅，成功，富有领袖气质

艾瑞尔·福特（我的姐姐）——虔诚，富有创造力，富

有影响力

查尔斯·曼森（著名歌手兼变态杀人狂）——变态，可怕，满怀仇恨

希特勒——杀人凶手，种族歧视，邪恶

哈瑞特·史比格尔（我小时候的老师）——自负，不懂装懂，暴躁

积极特质：远见，勇敢，诚实，优雅，成功，领袖气质，虔诚，创造力，影响力

消极特质：变态，可怕，仇恨，杀人凶手，种族歧视，邪恶，自负，不懂装懂，暴躁

在这样一份列表中，你很容易就可以发现那些自己刻意压抑的特质。对于每一种特质，都要仔细进行分析。我通常会从消极特质开始分析。最开始，你或许会觉得自己身上绝对不可能有与你最憎恨的人相同的特质，然而，这种"绝对不可能"的感觉恰恰是刻意压抑某些特质的表现。对于某些复杂的概念，例如"杀人凶手"，最好能拆解成几种较为简单的特质来分析。例如，什么样的人才会成为一个杀人凶手？自私，愤怒，轻视别人的生命，这些都是他们可能具备的特质。像"轻视别人的生命"这样的概念，也可以进一步拆解

成变态、精神失常、自恋等不同的特质。照这样分析下去，直到把列表上的所有概念都拆分成具体的特质为止。如果某些特质会让你产生特别强烈的感情波动，就要对这些特质多加注意。

每一个回馈都是祝福

　　史蒂文是一家企业的销售顾问，他来参加我的心理辅导班时，已经下定决心要改变自己的生活。他在之前的五年里一直想找个心爱的人结婚，成家立业，但总是无法建立起稳定的感情关系。课程进行了两天之后，史蒂文来找我，告诉我他实在无法容忍班上的另一位学员。我问他究竟为什么讨厌那个人，他的回答是："那人是个胆小鬼，我讨厌胆小鬼。"我一言不发，等待着他再度开口。过了好一阵子，他终于开了口，给我讲了他小时候的一个故事。史蒂文五岁的时候，全家人去逛集市，那里有专门给小孩子骑的小马，他父亲就想让他骑骑。史蒂文从来没见过像马那么大的动物，觉得马很可怕，不敢骑上去。他父亲批评他道："你这样子算什么男子汉？真是个胆小鬼。你丢了全家人的脸。"从那天起，史蒂文就下定决心，永远不再做个胆小鬼，要让父亲为他骄傲。

长大以后，他在大学里参加了橄榄球校队，取得了空手道黑带段位，还进行大量的健身训练，这一切都是为了证明他并不是个胆小鬼。结果，他不仅骗过了他父亲，也骗过了他自己——他把小时候发生的那件事情完全忘了。

我问史蒂文，他是否还会在生活中的某些方面表现出胆小懦弱来。他考虑了一段时间后告诉我，他害怕女人，害怕跟她们进行开诚布公的交流，所以，每当感情生活遭遇波折的时候，他都选择了逃避。每一次感情经历，都是以他的逃避收场，到最后，他甚至不敢跟漂亮女人打招呼。我让他不要着急，给自己足够的时间，充分体验"胆小鬼"这个概念带给他的羞耻和难堪。

然后我问他，做一个胆小鬼究竟有什么好处。他像看一个疯子那样看着我，因为他完全无法理解，做一个胆小鬼怎么可能会有好处。不过，回忆了一段时间之后，史蒂文终于记起了一次因为胆小而得益的经历。那是在他上大学的时候，他跟几个朋友一起喝酒，喝了几个小时之后，一个朋友建议开车去城里的酒吧继续喝。别的朋友都觉得这是个好主意，但史蒂文对酒后驾车感到很恐惧，所以就骗朋友们说他还有个约会，不能跟他们一起去快活了。他并没有把心中的恐惧告诉朋友们，因为他不愿表现出自己胆小的一面来。两个小时之后，他的朋友们在高速公路上出了车祸，一人身亡，三人重伤。

　　最初回忆起这件事的时候，史蒂文非常惊讶，因为他已经把这段痛苦的经历刻意忘掉了。当时他觉得，自己只不过是因为偶然的幸运才没有上车。我问他，他是否还有过其他因为胆小而避免了麻烦的经历。他逐渐意识到，正是因为内心深处胆小的特质，他才成为一个谨慎的人，很少跟人打架，也很少主动挑起麻烦。聊了很久之后，我问他是否还觉得做一个胆小鬼没有任何好处。他回答，胆小的特质确实能够使他受益，他已经不再为此而感到羞耻，而是为自己仍然具有这种特质而骄傲。

　　尼采曾说，我们无法把握生活中发生的事情，但可以把握诠释这些事情的方式。

　　有些时候，我们只要重新诠释一下生活，就可以缓解情感上的痛苦，减轻心中的压力。史蒂文学会了接纳和包容自己胆小的一面之后，自然就不再把胆小鬼的特质投影到别人身上了。他终于可以接受别人胆小的表现，而不是对此过敏。

　　随着课程的进展，史蒂文逐渐熟悉了那个被他称为胆小鬼的人。这时，他对那个人的看法已经有了一百八十度的转变。这转变究竟是来自史蒂文自己的变化，还是那个人的变化？都不是——在短短几个小时的课程里，两个人都不可能有什么大的变化。唯一改变的是史蒂文看待胆小这种特质的方式。当他不再刻意压制自己的胆小特质时，就不需要再用男子汉的面具来伪装自己。他心中原本具有的敏感、谨慎和害羞等特质，这时重新表现出来，别人也更容易接近他、理解他。

要接纳和包容内心的阴暗面，首先必须发掘它的内涵。要做到这一点，你必须有足够的勇气，并且要对自己足够诚实，能够承认那些原本不愿承认的东西。

只有承认了某种特质的存在，我们才能接纳它、拥抱它。一切消极的特质都可以起到积极的作用，关键在于你看待它的态度。只要你能够放下心中的包袱，解除伪装，就可以在很短的时间内体验到如释重负的感觉。

 练 习

1.下面列出了一些消极的词语。如果你觉得某个词具有比较浓重的感情色彩，就大声说："我就是……"如果你说这句话的时候不会感觉到情感的强烈波动，就继续看下一个词。如果你对某一个词的反应特别强烈，就把这个词记录下来。如果你不能确定自己对某个词是否特别敏感，就花一分钟时间仔细考虑一下，比如别人用这个词称呼你的话，你会有什么感觉。如果你感到愤怒或是不爽的话，就把这个词记录下来。除了列表中的词语以外，如果你对别的形容词特别敏感，也要记录下来。

词语列表：贪婪，骗子，虚伪，吝啬，可恶，嫉妒，报复心重，控制欲强，恶毒，占有欲强，放浪，胆小，邪恶，古怪，拘谨，好色，愤怒，诡异，依赖别人，酗酒，变态，吸毒，赌博，有病，肥胖，恶心，愚蠢，白痴，恐惧，木讷，受虐狂，贪吃，厌食，卑微，奸诈，强迫症，冷淡，死板，虐待狂，控制狂，欺负人，受欺负，以自我为中心，优越感，蠢笨，情绪化，自负，丑陋，粗心，口无遮拦，大嘴巴，消极，好挑衅，恶臭，差劲，懦夫，怪胎，虚假，讨厌，不合时宜，野蛮，行尸走肉，迟到，不负责任，能力差，懒惰，机会主义者，奢侈，小气，不公正，笨蛋，叛徒，狡猾，不成熟，挑拨离间，急躁，孤注一掷，孩子气，浪荡，泼妇，娘娘腔，傍大款，下半身思考，残忍，呆板，吓人，危险，火暴，堕落，精神病，穷困，浪费，翻旧账，刻薄，防御性强，仇视别人，悲伤，脆弱，无能，枯燥，太监，长不大，神经质，骄傲，一毛不拔，剩女，荡妇，欺诈，好评判别人，虚假，缺乏内涵，暴力，做事不经大脑，卫道士，伪君子，拜金，鬼鬼祟祟，记仇，瞧不起人，争强好胜，权力欲强，挥霍，不理智，不吉利，执拗，焦虑，陷入困境，自以为是，傻瓜，讨厌男人，讨厌女人，虐待狂，抠鼻屎，失败者，一文不值，评头论足，虚胖，大意，可耻，肮脏，穷酸，无耻，专横，老，冷漠，内向，没心没肺，憎恨别人，种族主义者，文盲，卑鄙小人，精英主义者，污秽，傲慢，死脑筋，坏，什么都不懂，贼头贼脑，骗人精，爱出风头，没品，废物，歪门邪道，缺乏安全感，抑郁，纵容，没有希望，乞丐，好发牢骚，浑蛋，小市民，违法，害怕，爱管闲事，好打扰人，完美主义者，不懂装懂，阴狠，自以为正义，畸形，一无是处，低劣，破坏欲强，好顶嘴，弱，缺少耐心，同性恋，自取灭亡，无情，过度敏感，猪头，没趣，没有活力，空虚，恶魔，荒谬，沮丧，烦人……

2. 假设本地的报纸刊登了一篇关于你的文章，你最不希望文章提到的五件事情是什么？动笔记录下来。你觉得文章提不提到都无所谓的五件事情是什么？前五件事情是真是假？后五件事情呢？你为什么会这样想？

把你对所有这些词语和事情的想法都记录下来，然后回忆你产生这些想法的原因。

06 第六章

这就是我

我就是这样的

　　发掘出隐藏在阴影中的特质之后，我们要做的就是接纳和包容这些特质，承认它们是我们内心世界的一部分。只有这样，我们才能真正认识自己，了解自己，为自己负责。承认自己具有某些特质，并不代表你就一定要喜欢这些特质，事实上，你身上的很多特质可能都是你所讨厌的。对于任何一种特质，都可以问自己三个问题：我过去是否曾经表现出这种特质？我现在是否正在表现出这种特质？在某些情境下，我是否有可能表现出这种特质？只要你对其中任何一个问题的回答是肯定的，就需要对这种特质予以重视。

　　要重新接纳那些你刻意压抑的特质，绝不是一桩容易的事。你有时必须给自己足够的时间，有时则需要对自己无情一点。你必须下定决心，鼓起勇气承认，你在某种意义上就是那种你最不愿意成为的人。对于那些令你感到不快的特质，要大声说出来："这就是我，我就是这样的。"不要对自己妄下结论，特别是不要因为发现自己具有某些特质，就觉得自己是一个不好的人，而对自己丧失信心。所有人心中都具有各种积极和消极的特质，只是表现出来的程度不同罢了。所有这些特质集合起来，才构成了我们的人性。我们所有的想法和感情——积极的也好，消极的也罢——都可以为我们提供指引，让我们在某些方面得到收获。就算你不相信这一点，至少也要给自己一个机会，去认识自己的每一面，寻找那些消极特质带来的收获。我保证，你最终会发现，这一切都是有意义的。

　　只有接纳和包容了内心的阴影，你才能发挥自己的全部潜力，真正改变生活。我自己在没有认识真实的自我之前，总是无法建立起稳定的感情关系。我的每一段感情都很短暂，因为我不知道自己究竟是什么样的人，也不知道自己究竟想要什么。我追求过的一个男人曾对我说，他不会跟我在一起，因为总有一天我会认识到自己所具有的潜力，然后就会离开他。我的朋友们都清楚，我所结识的那些男朋友没有一个适合我，但我总是执迷不悟，因为我并没有意识到自己在感情方面屡屡失败的原因。后来，经过一番努力，我终于意识到，当我刻意压抑自己心中的恐惧、羞怯和虚荣心时，就会把这些情感和特质投影到别人身上，所以，我找的那些男朋友们都是胆小怕事、内向而虚荣的人。当我承认和接纳了这些情感和特质之后，投影现象自然也就消失了，从这时起，我才开始结识那些真正爱我、理解我、懂得付出的好男人。

吸引一群笨蛋男

我已经解释过，如果我们刻意压抑某种特质的话，就会不自觉地把最容易表现出这种特质的人吸引到我们身边，这就是投影现象。很多时候，我们把这样的特质埋藏得太深，以至于彻底忘记了它们仍然存在于我们身上。当周围人表现出这些特质的时候，我们往往会觉得他们十分讨厌，殊不知，正是因为我们对这些特质的压抑，才吸引了这些人进入我们的生活。我有一位朋友叫乔安娜，有一段时间，她每次赴约之后都会告诉我："他不适合我，他是个古怪的人。"她最初几次这样说的时候，我什么都没说，但是过了一段时间，实际情况就很明显了。我告诉乔安娜，她自己才是个古怪的人，只有在她承认和接受了这一点之后，才会停止跟古怪的人出去约会。她觉得我疯了，但是我告诉她，如果她不是如此讨厌古怪的人，为什么每次约会都会碰上这样的人？

乔安娜仍然不听我的话，继续固执地跟那些"古怪的人"出去约会。现在想想，当时的情况几乎有些好笑，因为我非常清楚其中的心理机制，而她却对这种机制一无所知。终于，一天深夜，疲惫不堪的乔安娜给我打了个电话，要我说清楚她为什么是个古怪的人。我用尽可能温和的语气告诉她，她有些时候会穿一双低帮的粉红色袜子，外面套一双白色皮面运动鞋，那样子看上去确实有点古怪。我的说法逗得她笑了起来。我继续说，如果她能接纳自己内心深处古怪的一面，就不会再把古怪的人吸引到她身边来。她同意把她过去所做过的古怪的事情列成一张单子。第二天，乔安娜又打电话给我，说她已经列出了一张相当长的单子。过去，她不愿意被人看成一个古怪的人，所以才给自己戴上了一层"正常"的面具。她已经这样生活了二十多年，却从来没有意识到，其实她在故作正常的同时，也会显露出一些古怪的痕迹来。

乔安娜最终意识到，做一个怪人并不一定是一件坏事，她完全可以承认自己的这一面。于是，这两年来，她再也没有跟任何古怪的人来往过。过去，她是为了避免露出古怪的一面，才刻意营造出正常的假象。现在，她学会了接受自己古怪的一面，于是也就不用刻意去伪装什么，这让她的生活变得轻松自然。

要寻找那些被你压抑的特质，有很多种方法。首先要寻找那些你特别厌恶的特质。列出你最憎恨的几个人，把他们表现出来的特质总结一下，这些特质往往就是你刻意压抑的。无论你有多不情愿，都必须说服自己承认，你也具有这些特质。你可以回忆自己过去表现出这些特质的经历，也可以询问别人对你的真实看法。想象你最在乎的人说你拥有这些特质时，你会是什么感觉。分析自己对表现出这些特质的人的态度，以及你对自己的态度。不要觉得自己比那些人优越，也不要寻找理由。尽量客观地看待自己，因为别人就是这样看待你的。

你们其实没区别

我在一次心理辅导课上认识了一位名叫比尔的学员。比尔已经快六十岁了，这辈子就只跟一个人过不去——他二十二岁的儿子。我问比尔为什么会跟儿子过不去，他告诉我，他的儿子经常说谎，而他非常反感这种做法。他说："认识我的人都知道，我这辈子从来没说过一句谎话。"当时他非常激动，脸涨得通红。我花了十五分钟试图说服比尔承认，他过去确实曾经说过谎，但没能成功。他坚持说，他过去绝对没有说过谎，将来也永远不可能说谎。班上的其他学员纷纷举出自己小时候和长大以后说谎的例子，包括试图欺骗自己的例子，比尔仍然毫不动摇。最后我问他，他在个人所得税方面是否也同样诚实。比尔咧开嘴笑了："那完全是另外一回事。"

直到课程结束，比尔也没能承认他有说谎者的一面，这实在非常可惜。荣格思想的追随者、心理分析师詹姆斯·鲍德温曾说："一个人只有能够接受自己，才能接受别人。"比尔之所以无法容忍他的儿子说谎，是因为他接受不了自己也会说谎的事实。他太看重诚实这种特质了，不惜一切代价也要装出永远诚实的样子来。如果比尔能够承认自己也会说谎，接纳和包容自己的这一面，就不会再觉得儿子说谎是无法忍受的事情了。要承认自己具有某种先前自己压抑的特质，需要极大的勇气和决心，因为你往往会极度鄙视那些表现出这种特质的人。当你学会容忍自己身上的这种特质时，自然就能容忍别人表现出同样的特质。

去年，一位名叫汉克的男子来参加我的心理辅导班。他当时正在跟女朋友闹矛盾，因为她总喜欢迟到。我告诉他，这很可能是他自己的问题。我的话让汉克感到很生气，他马上又开始数落女朋友的不是，说她总是浪费他的时间。他的态度非常激动，这说明迟到问题必然与他的内心阴影有很密切的关系。当时课程刚刚开始，我不想操之过急，所以只是简单地告诉他："越是你不能忍受的东西，越是会找上门来。"汉克自己也很清楚，他对女朋友迟到的强烈反应是不正常的，当我问他自己有没有过迟到的经历时，他却一口咬定"从来没有过"。

由于课程还要继续，我没有跟汉克深入讨论这一问题。当时的课程是全日制的，全体学员一起在食堂用餐。第二天晚餐过后，学员几乎都回到了教室里，但还有一张椅子是空的。我之前已经告诉学员们，课程安排比较紧张，所以必须杜绝迟到现象。有人说了一句："是汉克，他还没回来。"我们又等了几分钟，汉克还没回来，所以我宣布课程开始。就在这时，前排的一位女学员站起来说："我不知道你有没有注意到，汉克每次课间休息的时候都比别人晚回来。我不知道别人怎么想，但我确实有点受不了他这样。"的确，汉克一直在浪费我们大家的时间，正如他抱怨女朋友浪费他的时间那样。

又过了十分钟，汉克终于回来了，我觉得这是帮助他解决问题的一个机会。我问他，他是否意识到自己每次上课都会迟到几分钟。他反问道："只不过是几分钟而已，有什么了不起的？"这句话一说出口，课堂上顿时哗然。我说："汉克，你是教室里唯一一个连续五节课迟到的人。有些人认为，我们不应该每次都浪费时间等你回来。你认为你对我们所做的事情与你女朋友对你所做的事情之间有联系吗？"汉克固执地认为，他每次只不过是迟到"几分钟而已"（通常3～15分钟之间），而他的女朋友经常一迟到就是一两个小时，甚至直接爽约。他说："那才算迟到。像我这样当然没什么。"

　　汉克认为，迟到几分钟和迟到一两个小时之间，确实存在着本质的区别。我让全班学员举手投票，结果没有一个人举手表示同意汉克的看法。然后我又问学员们，汉克上课迟到的行为是不是很不礼貌，这次所有人都举起了手。

　　很显然，汉克所做的事情跟他女朋友所做的并没有什么区别，他只不过是在为自己的迟到行为寻找借口而已。有学员站起来批评汉克，说他浪费了所有人的时间，这是对大家的不尊重。我告诉汉克，假如哪个我认识的人经常迟到，并且不思悔改的话，我会觉得他一定是认为我的时间没有价值，或是他自己的时间比我的时间更有价值。这些话让汉克感到很不自在。我让他回家之后好好反思一下这一天发生的事情。

　　第二天一早，汉克准时出现在课堂上。他说，他花了半个晚上的时间，把过去半年里他每次赴约迟到的经历列成了一张单子，结果发现他几乎每次都要迟到。他当着所有学员们的面承认，他之前确实迟到了，这也确实很不礼貌。尽管他仍然对女朋友的迟到行为感到愤怒，但他也意识到，他自己所做的事情跟她并没有什么区别。在此之前，他拒绝承认自己有做出任何不礼貌的举动的可能，结果把"不礼貌"这种特质逼进了阴影。当他在自己心中重新发掘出这种特质之后，他的生活就发生了改变。他意识到，对于一个总是迟到的女朋友，或许还是提出分手比较好。

　　汉克觉得自己是一个负责任、懂得关心别人的人，却找了一个经常迟到的女朋友，这又是投影现象的一个例子。一旦我们压抑了自己身上的某些特质，就会不自觉地吸引容易表现出这些特质的人进入我们的生活。这就是所谓"物以类聚，人以群分"的原因。当我们重新承认和接纳了这些特质时，就获得了选择的自由，可以选择离开这些人。

　　你往往不愿承认某些特质存在于自己身上，这是人的防御本能。你必须坚持不懈地找出使自己产生防御性的原因。仔细回忆自己过去是否曾表现出这些特质，如果回忆不起来，你可以找了解你的朋友帮忙。

　　记住，如果你对别人所表现出来的某种消极特质特别敏感的话，就说明你自己也具有这种特质。在我的课堂上，如果有人拒绝承认自己具有某种消极特质的话，我通常会先让他们承认自己具有"顽固不化"这种特质，等到他们能够与自己的顽固相安无事的时候，自然就比较容易接受自己身上其他的消极特质了。

放不下的"女人"

　　那些最令我们难以接受的特质，通常都与别人伤害或错怪我们的经历有关。我们总是愿意把自己遇到的问题归罪于别人，而不是在自己身上寻找原因。

奥普拉·温芙瑞曾说："让你的伤痛变成智慧。"不要一味记恨那些伤害过你的人，而是要寻找当时的经历给你带来的收获。假如他们当时没有伤害你的话，你是否会错过生活中的某些机会？你是否因为记恨他们而影响了自己的生活，阻碍了梦想的实现？过去的伤痛是经验也是教训，但绝不是逃避现实问题的借口。那些伤害过你的人所表现出的特质，同样存在于你自己身上，当你意识到这一点时，自然就可以释怀了。

禅宗中有这样一个故事：两个和尚在路上走着走着，遇到了一条河，河边有一个年轻女人，想过河又不敢蹚水过去。其中一个和尚弯下腰，把女人背过了河，然后两个和尚又继续往前走。过了一段时间，另外一个和尚终于忍不住开口说："佛门弟子是不允许碰女人的，你为什么要犯禁？"先前背女人过河的和尚答道："我在河边就把她放下了，为什么你到现在还'背着'她？"

拥抱我的疯狂

如果你对过去的伤痛难以释怀，这伤痛就会成为你的负担，把你压得喘不过气来。前段时间，一位名叫摩根的年轻女子来参加我的心理辅导班，当时她的胃癌已经到了晚期，她对活下去已经不抱什么希望了。摩根非常痛恨她的母亲，因为母亲总是打她，在情感方面欺凌她，让她苦不堪言。尽管她已经年过三十，尝试过很多种心理疗法，却总是无法改善与母亲之间的关系。考虑到她的身体状况，我建议她首先尝试释放心中被压抑的情感，她同意了。

课程进行了一段时间之后，我要求所有学员列出他们觉得最难接受的五种特质，然后每两人一组，互相帮助，直到每个人都对自己列出的特质脱敏为止。例如，假如我的列表中有"无能"这一项特质的话，我会首先大声说"我是个无能的人"，然后我的搭档会看着我的眼睛说"你是个无能的人"，之后我再说"我是个无能的人"，如此重复，直到我既不在乎自己无能，也不在乎别人说我无能为止。

练习过程中，我通常会检查每一名学员列出的单子，因为许多人尽管会不时表现出一些消极的特质，自己却意识不到。当我检查到摩根那里的时候，发现她并没有在单子上列出她经常用来形容她母亲的一个词——"疯狂"。于是我向她建议，不妨把这个词加进列表里。

摩根抬头看着我，脸上写满了不屑："我才不是个疯子呢。"于是我问她，她为什么对"疯狂"这个词如此敏感。我告诉她，如果她说我很疯狂的话，我并不会有什么异样的感觉，她的搭档也是一样。摩根坐在椅子上忸怩了好久，最后哭了出来。她告诉我们，她一想到要把"疯狂"这个词跟自己联系起来，就恶心得想吐。她就是没法把"我是个疯子"这样的话说出口。我问她："你过去有没有过疯狂的经历？现在是否还能回忆起来？"她想了一会儿，讲述了几次这样的经历，但仍然无法说出"我是个疯子"这句话。我知道，只要她能把这句话说出口，再重复足够多的次数，最终就可以承认和接纳自己内心中疯狂的一面。这是她最恐惧的事情，是她肩上最沉重的担子，此刻，她离卸下这副担子已经只有一步之遥了。到练习结束的时候，摩根终于能够开口说出"我是个疯子"这句话，但没能摆脱对这句话本能的反感。直到她回到家里，洗了个热水澡，再把这句话重复了几个小时之后，才终于彻底接纳了它。几个月之后，她给我写了封信：

"我最终克服了心中的恐惧，重新接纳了自己心中'疯狂'的特质。在那一刻，我不禁跪下来，开始祈祷：亲爱的上帝，请擦亮我的眼睛，让我看清楚母亲身上的美。我祈祷了将近一个小时，祈祷心中所有关于母亲和自己的偏见都涣然冰释，祈祷原谅自己对自己的伤害。当我最终站起来的时候，心中感觉到的是一种从未有过的安详。过去，我只要一想起母亲，心中就会充满厌恶和紧张的情绪。你传授的练习方法为我打开了一扇门，我走进这扇门，看到了自己真实的内心世界。医生告诉我，我的癌细胞已经停止扩散了，身体已经进入康复期。"

现在，摩根的身体已经完全康复了，没有检查出任何复发的迹象。当她学会承认自己心中疯狂的一面时，也就同时原谅了自己和母亲表现出来的疯狂。当她找回了内心的安详和宁静时，身体的病痛也就自然痊愈了。重寻真实自我的过程，同时也是身体和精神痊愈的过程。

转变过程本身其实非常迅速，最多只需要几秒钟。**我们所要做的，是改变看待自我、看待生活的视角。假如我们从锤子的视角看过去，世上的所有事物都会变得像钉子一样；假如我们从锤子的视角改变到胡桃夹子的视角，那世上的所有事物又会变成胡桃。**我们对善与恶、对与错、好与坏的判断都是主观的，都会受我们自己视角的影响。当你的视角发生变化时，你眼里的整个世界都会改变。

我当然知道，对于大多数人来说，要接受这样的观念并不容易。我们接受的教育总是要求我们尽量自我鼓励，不要自我否定。如果我某一天早上醒来，感觉自己一无是处的话，按照我们这个社会的流行观念，我应该假装感到非常自信，并且带着这样的态度起床上班工作。我之所以要假装自信，是因为觉得自己一无是处是"不好的"，甚至是"不对的"。我会用自信的面具把自己伪装起来，希望别人看不穿这层面具，但在内心深处，我会隐隐约约感到一丝沮丧，因为我所表现的并不是自己的本性。别人会告诉我们，只要我们不断地鼓励自己、肯定自己，就能把我们所说的话变成现实。但在课堂上，我经常给学员们打这样的比方：就算我们在大便上浇上厚厚一层冰淇淋，只要吃上几勺，仍然会感觉到大便的臭味。当我们能够接受自己身上的消极特质时，就用不着再刻意去鼓励自己、肯定自己，因为我们知道，在具备这些消极特质的同时，我们也具备与它们对应的积极特质。美与丑、强与弱、能干与无能、勤奋与懒惰，这些彼此相反的特质都存在于我们心中。我们是所有这些矛盾特质的统一体，不能简单地用非此即彼、非黑即白的态度来定性。如果我们相信自己只有脆弱、自私、恶心等消极特质，而不具备与它们相对立的积极特质，那自然就会陷入沮丧。但只要我们意识到，我们身上同时具有这些消极特质和它们的对立面，就不会为这些消极特质的存在而感到羞愧。

用声音释放情绪

有些时候，为了承认和接纳自己的某一种特质，你必须首先把先前所压抑的愤怒发泄出来——可以对别人发泄，也可以对自己发泄。常有人问我，对自己感到愤怒究竟是不是坏事。我的答案是完全没有关系，只要把自己最真实的情感表达出来就可以了。消极的情绪如果得不到释放，就会转入潜意识层面，影响你的生活，但如果能够用合理的方式宣泄出来，就不会对自己和别人造成伤害。

大喊大叫是一种很好的发泄手段。太多场合都不允许我们大喊大叫，甚至要求我们必须压低声音说话。当你把音量放到最大，用你全部的力量大声喊叫出来的时候，郁积的情感就会像破堤的洪水一样释放出来。如果你不愿意打扰左邻右舍，可以用枕头捂住脸，然后再大声喊出来。如果你从来没有大声喊叫过，或是小时候经常听到家人大喊大叫，可能会觉得像这样喊叫是不对的。不要忘了，越是你觉得不对的事情，越会让你纠结。所以放声喊出来吧，这是发泄内心情感最好的方法之一。

曾有一位年近七十的女士来参加我的心理辅导班，她的名字叫珍妮特，一辈子说话都是轻声细气，从来没有大喊大叫过，也没有讲过一句脏话。在她很小的时候，父亲就教育她，有教养的人从来都不会大声喊叫，她只有维持自己的"涵养"，才能得到他的尊重和爱。之后的六十多年里，珍妮特一直都是按照父亲教育的方式生活。她来找我的时候，正患声带息肉症，说话非常吃力。不过她已经意识到，她的疾病是长期压抑感情引起的，只有把内心深处对她父亲的叛逆想法发泄出来，她才能恢复健康。

尽管珍妮特的父亲已经去世很多年了，但要故意违背他的意思，冲破他设下的束缚，对她来说仍是一场严峻的考验。一连五天时间，我陪着她一起大声喊叫，一起说脏话。最终，在我们开始反复大喊"操"这个字眼时，她找到了宣泄的渠道。那天余下的时间里，她脸上始终挂着按捺不住的笑容。六个月后，她的声带息肉症自行痊愈了。她告诉我，当她终于把对父亲的叛逆想法发泄出来时，她对他的感情非但没有削减，反倒变得更深了。我们完全可以把自己心里的愤怒表达出来，只要不伤害到别人就可以了。如果你非常憎恨自己身上的某种特质，那就把这种憎恨发泄出来。只有释放了心中的羞耻和痛苦，你才能重新用淡定的心态看待这种特质。

当我对自己或别人感到愤怒时，就会找一根球棒和几个枕头，把枕头堆在一起，把球棒高高举起来，想象面前的枕头就是让我感到愤怒的那种特质，然后用力打下去。把枕头堆痛打了一顿之后，我心中所有的愤怒情绪都被宣泄出来了，然后我就可以重新接纳枕头堆所代表的特质了。

如果我们能够在内心层面上接纳某一种特质，就用不着把它表现出来。我的一位好朋友名叫珍妮弗，有一段时间，她总觉得自己被人跟踪了。每当她在公共场合露面，总会看见同一个女人，她觉得那女人一定在跟踪她。"那女的绝对是个坏人！"她每次打电话来的时候，总会这样对我说。我每次都告诉她："你也是个坏人。"每到这时候，她就会愤怒地叫道："我才不是坏人！"然后挂上电话。近一年时间里，珍妮弗无论走到哪里，都会看见那个女人，甚至夜里做梦都梦见自己正在被她跟踪。那年年底，珍妮弗乘飞机去夏威夷参加一次会议，结果在会场上，那个女人又出现了。这让珍妮弗感到非常恐惧，她从夏威夷打电话给我："我到底要怎样才能摆脱她？"我告诉她，那个女人之所以总会在她身边出现，必然是投影作用的缘故。她只有承认和接纳那些被自己压抑的特质，才能恢复正常的生活。我问她："你觉得坏人有什么不好？"她说，坏人当然不好，因为他们总是做坏事。于是我问她过去是否做过坏事，她想了一段时间，说她小时候曾经故意欺负她的妹妹，后来她为当时的做法感到非常羞耻，于是下定决心做一个好人。她认为好人是绝对不会做坏事的。我告诉她，不能把一个人简单地定性为好人或者坏人，所有人都同时具备好与坏的两面，她自己也是这样。如果她能够承认和接纳自己作为坏人的一面，就不会再把坏人这种特质投影到周围的人身上，那女人自然也就不会再在她的生活中出现。

我要珍妮弗站在镜子前，反复对镜中的自己大声说"我是一个坏人"，直到她不再对这句话过敏为止。后来她告诉我，她在镜子前站了一个小时之后，忍不住坐下来，给那个她觉得是在跟踪她的女人写了一封信，用上了她能想出的所有恶毒的字眼，把她心中所有的愤怒都释放了出来。写完信之后，她的感觉好了许多，于是把信撕掉了。她回到镜子前面，发现自己对"我是一个坏人"这句话已经没有什么感觉了。第二天，她再次见到那个女人的时候，主动上前打了个招呼，然后就若无其事地走了。在那以后，她再也没见过那个女人。

愚蠢，也是一种力量

当我们为自己的某些消极特质感到痛苦时，就会本能地把这些特质掩饰起来。有些时候，我们会矫枉过正，故意偏向这些特质的对立面，以向自己和别人证明我们并不具有这些特质。到头来，我们往往会把自己和别人都愚弄过去。

前段时间拜访一位朋友时，我跟她的父亲聊起了我的工作。她的父亲名叫诺曼，他对矫枉过正的现象很感兴趣，希望我能实地演示一下。于是我问他，他最不愿意别人用什么词描述他。他的回答是"愚蠢"。我不禁笑了："没错，看看你现在的样子，绝不会有人说你是个愚蠢的人。"诺曼年轻的时候因为家庭的缘故，没能完成学业，直到陪伴他三十多年的妻子去世，他才回到离家不远的一所大学攻读硕士学位。那段时间，他每天骑着自行车往返于家与学校之间。后来他顺利毕业，又继续攻读博士学位。学校放假的时候，诺曼就四处旅行，参加学术会议，举办关于人体健康和衰老过程的讲座。前不久，他还花了一个月时间体验坐禅。我认识的所有人都觉得诺曼既聪明又勇敢，没有人会把他跟"愚蠢"二字联系到一起。然而，诺曼之所以会如此努力地追求新的知识和体验，正是为了向自己和别人证明他并不愚蠢。无论他有多努力，都会觉得自己做得还不够，担心别人发现他也有愚蠢的一面。

　　要让诺曼认识到这一点并不困难，因为他确实有这样的感觉，觉得自己取得的一切成就都微不足道。事实上，"愚蠢"二字正是驱使他努力学习、体验新鲜事物的原动力。如果他对愚蠢这个词没有那么强烈的反应，也就不可能取得如此的成就了。他很快就承认了自己也有愚蠢的一面。毕竟，如果愚蠢不存在的话，聪明又有什么意义？矛盾的任一极端都不可能脱离另一极端而独立存在。

　　你往往会因为讨厌某种特质而故意表现出相反的特质。

这等于是逼你朝固定的方向努力，限制了你选择生活方式的自由。对愚蠢这种特质的厌恶，让诺曼丧失了偶尔放松一下，享受闲暇时光的自由。他在承认自己也具有愚蠢这种特质之前，从来不读小说，也不打牌，因为担心那样的生活会让他变成一个愚蠢的人。结果，他也无法享受这些休闲活动带来的乐趣。

所有人都有愚蠢的一面，也都做过愚蠢的事情，并且将来还会继续做下去。关键在于我们看待自我、看待生活的态度。如果我们对自己的生活感到满意，就不会在乎别人的看法。诺曼花了三年时间刻苦努力，为的是保持全班第一的成绩。如果他不能承认自己也有愚蠢的一面，就只能继续努力下去，直到自己身心俱疲。何况有些人或许会认为，他为了回学校读书而放弃其他一些方面的机遇，这本身就是非常愚蠢的做法。我们越是逃避自身的某些特质，这些特质就越是会以出乎我们意料的方式显现出来。

如果我们能够承认和接纳自己身上的所有特质，就可以主导自己的生活，获得最大程度的自由。我们可以在不同的场合下自由表现出不同的特质，而不是为某些消极或积极的特质所左右。只有当我们摘下面具，以真面目示人的时候，才能拥有这种自由。

练 习

　　要获得彻底的自由，我们必须学会接纳和包容那些令我们反感的特质，承认这些特质同样存在于自己身上。

　　1. 找出你在第四章练习中所作的记录。站在镜子前，看着镜中的自己，反复大声告诉自己"我就是……"（你所记录下来的特质），直到你对这样的说法彻底脱敏为止。只要你足够坚持，必然会取得成功。如果你对表现出这种特质的人感觉到强烈的愤怒，可以先停止练习，把心中的愤怒发泄出来，例如给那些人写一封充满恨意的信。不要把信寄出去，信的内容只是给你自己看的，目的是宣泄心中积郁的情感。如果你不知道该如何下笔，不妨采用这样的开头："我对你感到很愤怒，因为……"然后尽可能快速地写下去，不要停下来思考。不必担心语法问题，也不必在意信的内容是否通顺。

　　这一练习可以帮助你把心中郁积的负面情感发泄出来。在练习过程中，不要刻意压抑心中出现的任何情感。或许你会觉得"我就是……"这样的话很难说出口，但是一定要坚持下去，直到你能大声说出这句话来为止。只要能说出第一次，再重复就比较容易了，你很快就会感觉到情感的释放所带来的轻松和解脱。

2.仍然采用你在第四章练习中所作的记录，回忆自己过去是否曾经表现出这些特质。如果回忆不起来，就问自己在什么样的情况下有可能表现出这些特质。把你所回忆和想象的内容记录下来。

第七章

聆听内心深处的声音

面具之下的面孔

　　拥抱完整的自我，追求内心的安宁，是一个永无止境的过程。只要你肯侧耳聆听内心深处的声音，愿意释放心中积压的负面情感，追求更加自由的生活，就可以让这个过程一直持续下去。我们必须卸下伪装，怀着平常心去看待那些曾让我们恐惧或憎恨的东西。海伦·舒曼（Helen Schucman）在《奇迹课程》（A Course in Miracles）中写道："我心中的怨恨，使我看不到世界的光芒。"不要陷入这样的状态。

　　要从表层的、虚假的自我中解脱出来，需要心灵的宁静，因为只有在宁静中，你才能听到自己内心的声音。在我们每个人的面具之下都潜藏着无数张面孔，每一张面孔都有自己的个性，这是因为每一张面孔都是我们的一种亚人格（sub-personality），都代表了我们的某种特质。如果我们能够承认和接纳自己的所有特质，就可以跟这无数个"自己"自由交流，并从中获得无比宝贵的经验。

　　我在没有学会与自己的亚人格交流之前，总是期待着别人替我解决问题，找出我身上不对劲的地方。我尝试过各种各样的心理治疗，也曾相信算命术和占星术。每当我感到愤怒或悲伤的时候，就会觉得自己有些地方不对劲，于是花钱去见各种各样的"专家"，请他们指出我的问题所在。如果他们的解释是我乐意听到的，我就会觉得他们很聪明。如果他们的解释是我不愿意接受的，我就会再去找其他的"专家"，直到听到我想要听的解释为止。

其实我一直都知道，这样的生活方式非常糟糕，一定还有更好的方式。难道我就不能自己了解自己，非要通过别人的解释来认识自己吗？现在我已经认识到，我们的内心原本就有非常强的自我恢复能力，只要一点点引导，就可以让我们找回完整的自我。与自己内心深处的亚人格谈话，就是一种非常好的自我引导方式。

我们首先要鉴别和区分自己心中的各种亚人格，然后再与之交流，最后才能重新承认和接纳这些亚人格所代表的特质。要做到这一点，我们不妨给自己的亚人格取名，因为名字是鉴别一种东西的最好办法。综合心理学的创始人罗贝托·阿萨吉欧利（Roberto Assagioli）曾说："如果我们把某种东西认做我们自己的一部分，就会为它所控制。如果我们能鉴别这种东西的性质，并且把它与我们自己区分开来，就可以控制它。"例如，我无法接受自己身上有好发牢骚的特质，所以就把代表这种特质的亚人格命名为"好发牢骚的旺姐"，这样一来，我不仅不再觉得这种特质不可接受，而且还会觉得"旺姐"是一个很有趣的人，愿意跟她聊上几句。一个简简单单的名字，就可以让"好发牢骚"这种特质经历从第一人称（"我"）到第三人称（"她"）的转变，让我能够用更客观、更平和的态度看待这种特质。

亚人格带来礼物

我是在加州的约翰·肯尼迪大学修习超个人心理学（transpersonal psychology）的时候，第一次接触"亚人格"这个概念的。每堂课上，我们都会学习一种新的心理治疗手段，其中关于综合心理学疗法的内容，极大地改变了我的生活。我学会了与自己的各种亚人格对话，并用这种方式来探索自己的内心世界。

在一堂课上，苏珊娜老师教了我们一种靠具象化练习来认识亚人格的方法。她要求我们想象自己坐在一辆公共汽车上，周围挤满了各式各样的"自己"，有高有矮，有胖有瘦，有老人也有年轻人，有的穿着全套晚礼服，也有的穿着超短裙。凡是我所能想到的女性形象，我身边全都有，其中有许多人是我根本不愿意认识的。苏珊娜告诉我们，我们必须跟车上所有的人攀谈，直到彼此了解为止，无论我们是喜欢那些人还是讨厌他们。

车上的每一个人都代表了我心中潜藏的一种亚人格，也就是我自己的一种面貌。如果我能够与这些"自己"互相交流、互相了解，就可以更好地认识真实的自我。苏珊娜让我们想象，身边的某个人跟我们一起下了车，开始聊天。在我的想象世界里，"胖子伯莎"立即朝我伸出了手，打算跟我谈一谈。当我看到她的脸时，忍不住想："我怎么能跟这个女人一起下车？我还是另找一种亚人格聊天吧。"胖子伯莎身高只有一米五，体重一百公斤，年过六十，样子丑陋得难以形容。她的一头灰发乱糟糟的，浑身散发着廉价头油和烟卷的臭味。她穿着一件脏兮兮的浴袍，上面有好几处难看的污渍。她的双腿像萝卜一样又红又肿，脚上穿着破破烂烂的塑料拖鞋。

我左顾右盼，期待着有人能把我从伯莎身边拉开，但是车里其余的人都没有动。伯莎越等越急，最后直接拉住了我的手，把我拖下了车。我们在附近的一条长凳上坐下来。伯莎告诉我，她代表了我心中的一种亚人格，我若想好好生活的话，就必须要学会跟她和睦相处。她说她永远都不会离开我，并且只要我肯敞开心扉，就可以得到她的礼物。我问她能给我什么样的礼物，她的回答是，她可以让我不再以貌取人。我想要争辩，说自己并不会以貌取人，但最终还是没有开口，因为方才我对伯莎确实抱有非常大的偏见，甚至连跟她说话都不愿意。她一眼就能看穿我的虚伪。

伯莎告诉我，要想在精神生活方面取得进展，我必须首先学会接受她的存在。她提醒我，每当跟肥胖的人在一起时，我总是感到非常不自在，这就是以貌取人的表现。我知道她的话是对的，尽管我总是假装注重别人的内涵，实际上却往往更看重外表。我在几年前就曾针对这一问题进行过心理调节，但问题并没有彻底解决。胖子伯莎告诉我，只有当我能够彻底承认和接受她的存在时，我才能真正透过外表欣赏别人的内涵，同时也可以更加了解自己。她还说，我这次能够遇到她，乃是我一生中最重要的事件之一。她说得没错。

胖子伯莎代表了我的一种亚人格，是我内心世界的一部分。她之所以会出现在我想象中的公共汽车上，是因为我还不能真正接纳和包容她所代表的特质——肥胖与丑陋。她给我上了宝贵的一课，也让我产生了许多疑问。像她这样有血有肉的一个人，怎么会是我潜意识的一部分？她究竟来自哪里，为什么会拥有如此的智慧？这几个问题在我脑海里萦绕了很久。我盼望着再度跟伯莎见面，尽管我当初并不愿意跟她说话。

过了一会儿，我积累了足够的勇气，又回到想象中的公共汽车上，等待着另外一个"自己"邀我一起下车聊天。这一次，跟我打招呼的是"愤怒的爱丽丝"。她身材瘦小，满头蓬松的红发。她对我说的第一句话是："别看我个子小，我可厉害着呢，所以你最好别惹我。"爱丽丝告诉我，她对我已经丧失了耐心，因为我总想把她从我的心中赶走。她说，我不可能再有比她更好的朋友了，因为她会为我引路，在危险来临之际拼命尖叫着提醒我。因为我总是忽略她的提醒，所以她只能冲我周围的人们尖叫，好引起我的注意。她还说，我之所以经常在情感关系上遭遇失败，就是因为我不懂得聆听她的声音。她给我的礼物是良好的直觉。

要接受愤怒的爱丽丝并不容易，因为我一直觉得自己表达愤怒的方式有问题。很多年来，我一直在努力克制自己心中的愤怒。其实，只要我能用宽容的眼光看待爱丽丝，她就不会胡闹。她只想要我少把理智当借口，多聆听内心的声音。当我终于能够接纳和拥抱爱丽丝的时候，她也就平静下来了。我学会了用恰当的方式释放愤怒，而不是在自己无法预料的时候暴怒。

接下来，我又遇见了"贪吃的格蕾塔"（她总喜欢吃大块的巧克力蛋糕）以及"下流的崔西"（她满口脏话，总喜欢穿超短裙）。格蕾塔挪动着圆滚滚的身躯凑过来，告诉我她是胖子伯莎的好朋友，她给我的礼物是对别人的同情心。她告诉我，在适当的时候要把生活节奏放慢下来，多给自己一些关心。她说，我总是在忙东忙西，一点都没有意识到自己已经太累了。她提醒我的方式，就是拼命胡吃海塞，因为只有这样才能填补我内心的空虚。崔西给我的礼物则是优雅的气质，她要我保持自尊，举手投足都要有足够的气度。如果我不按她的要求去做，她就会发作，让我通过轻佻的举动吸引所有人的注意。当我学会接纳和包容她们所代表的消极特质时，她们也就不再影响我的生活了。因为我承认了她们的存在，学会了关心她们、同情她们，所以她们也就没有必要再跳出来，用各种极端的手段吸引我的注意。

与亚人格对话

我住在旧金山的时候，曾经跟一个名叫瑞茨的男人探讨过一段时间的感情。我们一起进行过这样的练习：彼此寻找对方的阴影特质，再给代表这些特质的亚人格取名，最后把名单拿给对方看。第一次尝试的时候，我们列出了这样的清单：

瑞茨的清单（给黛比）

顽固的丽塔

愤怒的爱丽丝

专横的迪克茜

爱分析的帕希利亚

拿架子的宝莱娜

神秘兮兮的尤兰达

控制欲凯丽

花痴女劳莉

永远正确的蕾妮

黛比的清单（给瑞茨）

专横的迪克

不懂装懂的尼克

任性的马尔文

运动狂吉米

色狼本尼

搞定一切的肯恩

好为人师的汤米

我们把清单拿给对方看的时候，忍不住大笑了好长时间。不过，我们确实找到了一种很好的方式，既可以交流对彼此的看法，又不至于影响我们的关系。当我对瑞茨感到不满的时候，不会对他说"你又来管我的私事了，我可不喜欢这样"，而是会告诉他"好像专横的迪克今天有点不老实，你能替我跟他谈一谈吗"？这样既可以让他注意到自己的态度，又不至于在我们两人之间制造紧张气氛，因为我所指的对象是第三人称的"迪克"，不是第二人称的"你"。同样地，当我开始仔细分析瑞茨的每一句话时，他就会让我告诉"爱分析的帕希利亚"不要太过分了。

亚人格可以反映出我们内心的阴暗面。当我们觉得某种特质无法忍受时，就会刻意压抑这种特质，逼它成为我们心灵阴影的一部分。这些被压抑的特质为了吸引我们的注意，就只能在我们意料不到的时间，以极端的方式表现出来，或是投影到周围人身上。只要我们能够与自己的各种亚人格交流，就可以找到这些被压抑的特质，让它们重获解放，也让我们自己得到解脱。

我相信，每个人所具有的亚人格数量，与我们所具有的特质一样多，因为每个亚人格都代表了一种特质。到现在为止，我已经发掘出了一百多种受到压抑的亚人格，并且这一数字还在增长之中。即使是那些最阴暗、最消极的亚人格，也会给我们带来有价值的礼物，只要我们肯花一点点时间，聆听他们的声音。

探索内心世界需要足够的时间。在《与神对话》中，神提醒我们："如果你不能进入自己的内心世界，你就一无所有。"如果你能够理解这句话的内容，你的生活就会发生改变。当你进入自己的内心世界，找回完整而真实的自我时，你在生活中就可以随心所欲、无拘无束。这是你所能给予自己的最宝贵的馈赠。当你达到这种状态时，无论想要追求财富、爱情、友谊、创造力还是健康的身体，都可以游刃有余。

刚刚尝试聆听内心的声音时，你的心中很可能会产生疑惑——"我怎么知道我听到的究竟是不是内心的真实声音？"当你学会与自己的亚人格交流时，就可以很容易地区分内心的声音与无意义的杂音，因为前者总会给你带来积极的、正面的收获，后者则只是一味沉湎于消极的方面。

开始探索自己的内心世界之前，最好先进行一段时间的冥想练习，让心静下来，这样消极的杂音就会自动平息。如果你没有冥想练习的经验，也可以靠舞蹈来帮助自己放松。找一段优美的轻音乐，随着乐声起舞，不必在意自己的舞姿。这样过半个小时左右，再坐下来，闭上眼睛，深呼吸，让自己彻底放松下来。在身心放松的状态下，你很容易就可以体会到"意识"与"内心"之间的区别。意识是理性的、冷酷的，而内心则是温暖的、富有同情心的。

拥抱自己的亚人格，说起来似乎不难，做起来却并不容易。在这种时候，最好先期待最糟糕的情况出现，这样无论发生什么，都会高于你的期望值。许多人都会因为自己的亚人格表现出来的形象感到震惊，这通常是因为他们的期望值过高，觉得亚人格应该是完美的。其实，你的亚人格完全有可能会表现为无头的恶鬼，或是动物、怪物甚至是外星人的形象。无论你在想象中看到了什么，都是正常的、可以接受的。

很多时候，你的亚人格会表现为你认识的人的形象——过去的恋人、上司、家人等等，通常是那些让你觉得反感的人。当这些熟悉的形象出现在你的潜意识中时，一定要抗拒把他们赶出脑海的冲动，因为就算你暂时把他们忘掉，也无法解决根本问题，他们迟早还会在你的生活中出现。你只能欢迎这些形象的到来，仔细聆听他们的声音。事实上，越是让你感到厌恶和排斥的形象，往往越能给你带来有价值的收获。

你的抗拒会持续

前不久，一位名叫谢莉的女士来参加我的心理辅导班。按照一般的标准，她可以算是非常成功了。她通过自己的努力，在娱乐圈取得了相当高的地位。媒体对她的好评如潮，但是偶尔也会有一些批评的声音，她对这些批评非常敏感。经历了多年的辛苦打拼和快节奏的生活，她终于决定给自己几个月的时间，解决一些经常困扰她的问题。她知道自己在某些情况下会表现出很强的攻击性，却不喜欢承认这一点。当她说"我很有攻击性"这句话时，总是绷着脸，似乎随时都会掉下眼泪来。

　　我要求她反复大声说"我很有攻击性"这句话，效果并不明显，她仍然很难接受自己的这一面。于是我让她闭上眼睛，想象自己坐在一辆拥挤的公共汽车上。很快，代表她攻击性的亚人格出现了，她把那个"自己"命名为"富有攻击性的艾丽"。

　　艾丽五十多岁，长着一头蓬乱的红发，穿着深蓝色的西装，一副不可一世的样子。一开始，谢莉一点都不喜欢艾丽的样子，但我要她问艾丽能给她带来什么样的礼物时，艾丽的回答是"保护"。

　　艾丽说，她在谢莉的娱乐生涯中一直保护着她，不让任何人伤害她，或是阻碍她实现梦想。我又要谢莉问艾丽，怎样才能让她的人格重归于完整。艾丽说她最需要的是谢莉的爱和承认，因为谢莉总是试图把她赶走，否定她存在的意义，她对此已经忍受得太久了。她认为自己已经为谢莉做了很多事情，而她想要的只不过是谢莉的感激而已，这实在不能算是太高的要求。

　　练习进行到这一步，谢莉的脸上逐渐绽开笑容。她开始喜欢上"富有攻击性的艾丽"了。

在过去好多年里，谢莉一直试图压抑自己的攻击性，结果把自己弄得痛苦不堪。现在，她终于解脱了，可以自由享受成功给她带来的快乐。

这样的情况很常见：某些特质帮助你取得了成功，却得不到你的承认，所以只能在你意想不到的时候，以出其不意的方式爆发出来。如果你不去发掘自己的内心世界，不去接纳和包容这种特质，它就会一直影响你的生活。你越是抗拒，就会陷得越深。

当谢莉学会接纳艾丽的存在时，她也就不再为自己表现出的攻击性而痛苦了。现在，她可以自由地控制自己，在恰当的时候表现出适度的攻击性来。

你也可以想象一个你所尊敬和信赖的人进入你的内心世界，为你提供指引。

仔细聆听他的声音，问他对你的某种特质究竟有什么看法。一定要选择那些充满智慧、同时富有同情心的人，或是曾在你生活中占据重要地位的人，例如父母或亲友。以下是我的真实经历。

我邋遢，是因为我自由

我总是很反感"邋遢"这个词，绝不承认我自己也有邋遢的一面。我雇了保姆照顾我的儿子，同时也负责打扫房间，把一切都整理得井井有条。尽管我没有自己动手整理房间，但也不会有任何人说我邋遢，因为我家里从来都是整洁干净的。假如有人说我邋遢，那我的确会感到非常不爽。所以我闭上眼睛，深呼吸，让自己放松下来，然后开始在脑海里反复说"邋遢"这个词。这让我感到有点不舒服，也有一点点紧张。我知道，这样的感觉是恐惧造成的。我开始回忆过去，终于记起小时候有一次，我母亲曾经骂过我邋遢。我害怕自己一旦成为一个邋遢的人，就会失去母亲的爱，所以才会对"邋遢"这个字眼怀有那么强烈的恐惧。于是我闭上眼睛，想象德兰修女来到了我心中，我问她该如何重新诠释"邋遢"这个词，才能消除我心中的恐惧，我愿意让这个世界再多一份爱，我期待着她的回答。她告诉我，邋遢意味着玩耍，是我表达自己童心的一种方式。把衣服扔到地板上，对我来说是一件很有趣的事，我用不着为此而感到内疚。她说，邋遢带来的礼物是秩序。因为我从小到大总是担心自己邋遢，所以养成了一种独特的能力，可以把任何东西收拾得整洁有序。我想，嗯，这是一种新的解释。

然后我又闭上眼睛，想象马丁·路德·金来到了我心中。他告诉我，因为我非常热爱生活，总是急着去做下一件事，所以才会表现出一点点邋遢。我太兴奋了，顾不上管那些鸡毛蒜皮的小事，比如把用过的东西归回原位。他说，我的乐观和激情就是邋遢带给我的礼物。我之所以会去雇保姆来整理房间，是为了给自己多留出一点时间，去做那些更有意义的事。不错，这又是一种解释。

到了这时，我已经开始喜欢上自己的邋遢了。我觉得此时的自己已经足够勇敢了，于是开始想象我的母亲来到了我心中，当初她总是批评我邋遢。我问她为什么要这样做。她的回答是："我之所以总批评你邋遢，是因为我羡慕你内心的自由。我从来都无法把一件衣服扔在地板上，然后不去管它。"她说，她从小就对自己要求非常严格，不能容忍自己乱放东西。我的邋遢反衬出了她的古板，所以她才对我这么严厉。她还说，因为邋遢的缘故，我的表达能力特别好，从小就喜欢画画，并且总是大胆尝试新的颜色和画法，从来都不担心把画面弄得一团糟。邋遢给了我更多的自由。这是第三种解释。

在不到十分钟的时间里，我对于"邋遢"这个字眼的认识完全被颠覆了。我意识到，邋遢虽然是一种消极的特质，对我却有着多方面的积极意义。当我再度闭上眼睛，在脑海里重复"邋遢"这个词时，心情非常平静，再没有了之前那种不爽的感觉。

我脆弱，所以我追求更多

回忆是一种十分有用的工具，如果你能回忆起最初厌恶某种特质的原因，重新接纳这种特质就会变得更容易。我有一位名叫彼得的朋友，总是不承认自己有"脆弱"这种特质，于是我要他闭上眼睛，回忆他曾经表现出脆弱的经历。他首先回忆起上高中时的经历，他每个学期都会换一个体育项目，因为觉得自己不如别人，他不愿参加任何竞技项目。他上的是一所只有男生的学校，在体育方面的弱势让他感到非常自卑。然后他又回忆起自己八岁时，跟着母亲和姐姐一起去看他们家新盖的房子。房子还没有全建好，楼梯的台阶没有挡板，透过台阶可以看到下面的地板。他的母亲和姐姐带他上楼去看他的房间，他却不敢跟着，因为害怕从台阶的空隙里摔下去。他于是朝她们求救，但是她们都不肯帮助他。母亲告诉他，他必须坚强一点，不然她就把他一个人丢在那里。他实在太害怕了，所以没有动，结果母亲和姐姐真的走了，过了半个小时才回来。那次经历让他产生了这样的看法："如果我表现出脆弱的话，女人们就会离开我。"从那以后，彼得就再也不承认自己的脆弱，因为他认为一旦承认了，那些爱他的女人们就会抛弃他。

儿时的经历有时会对我们造成非常持久的影响，这种影响甚至可以持续一辈子。如果我们小时候在某些方面得不到满足，或是受到了伤害，就有可能形成强烈的偏见。随着年龄的增长，这偏见会在我们的潜意识里越陷越深，越来越严重地影响我们的生活。要解决这一问题，你需要回忆起最初形成偏见时的情境，然后再换个角度看待当时的经历。彼得长大以后一直表现出非常坚强的样子，但是他的恋爱关系从来都维持不过六个月。为了帮助他接受自己脆弱的一面，我要他举出一个他信赖和尊敬的人，并且这个人要富有同情心和智慧。他举出了佛陀。于是我让他想象佛陀进入了他的内心世界，他问佛陀，他的脆弱究竟有什么意义。佛陀告诉他，脆弱让他对别人充满同情，这就是脆弱给他的礼物。而且正是因为他内心深处的脆弱，他才成了一个机智风趣、善于跟别人交流的人。脆弱使得他养成了外向开朗的性格。

我又让彼得想象他的父亲或母亲，于是他让父亲进入了他的内心世界。父亲告诉他，他在努力战胜脆弱的过程中，得到了很大的锻炼，形成了百折不挠、永不放弃的品质，这就是脆弱给他的礼物。由于彼得不肯承认自己的脆弱，所以总是会追求各种各样的挑战，以证明自己的坚强。父亲说，如果他能够接纳和包容自己的脆弱，生活就会顺利很多，不会再有那么多的艰难险阻。

彼得一直都有作曲的爱好，但是在过去，他没有想过把作曲当成职业。现在，他学会了接受自己的脆弱，终于可以把他的创造力从频繁更换工作和不稳定的感情关系中解放出来，投入到他所喜欢的歌曲创作中去。他成了一名专业作曲师，还给我寄来了他的作品。

如果我们不能把握真实的自我，就会陷入固定的行为模式中不能自拔。这时，你的亚人格会提醒你，有哪些特质和记忆是被你压抑的，你需要怎么做才能重新承认这些特质和记忆，从固定的行为模式中解脱出来。

你的内心深处潜藏着人世间所有问题的答案，但是有些时候，为了把这些答案发掘出来，你需要借助你所尊敬和信任的人的形象。你的亲朋好友和爱人、你所崇拜的名人，以及你所憎恨或排斥的人，都可以成为你询问的对象。

倾听就有帮助

　　几年前，我曾经历过一段迷茫的时光，不知道自己该往何处去。有一天，我闭上眼睛问自己："我应该寻求谁的建议呢？"我想到了一个名叫史蒂夫的老朋友，却不知道应不应该打扰他，因为我们已经有很长时间没见面了，要打电话向他询问我的私人问题，似乎并不是很合适。有一天，我在进行冥想练习的时候突发奇想，决定想象史蒂夫站在我面前，然后再问他我该怎么办。我从来没有做过这样的事情，但尝试一下反正也没有什么损失。于是我开始调动想象力，在面前勾勒出史蒂夫的形象，这时奇迹发生了，他居然真的开口说话了。他说他很高兴我能来寻求他的帮助，并且回答了我提出的所有问题。当我最终睁开眼睛的时候，感觉就像真的跟史蒂夫进行了一个小时的长谈一样。

　　在我的父亲去世时，我的朋友希拉用类似的办法安慰过我。在为父亲服丧期间，我去找过她一次，那时候我正感到非常悲伤，因为我的父亲再也没有机会见到我的儿子贝欧了。希拉要我闭上眼睛，想象我的父亲正在跟贝欧一起玩耍。我眼前立即就出现了这样一幅图景：我父亲慈爱地笑着，抚摸着贝欧的小脑袋，告诉贝欧他是多么喜欢音乐，希望贝欧也能从音乐中得到乐趣，最好能学会演奏他留下的那些乐器。这一幕是如此感人，彻底改变了我对父亲去世这件事情的感觉。我相信，父亲的在天之灵一定会时时陪伴在我和贝欧身边，为我们提供指引和关怀。这让我原本绝望的心情有所好转，尽管我仍然为父亲的去世感到悲伤，却再不会为这悲伤所折磨。

你的种种亚人格一直都存在于你的内心世界里，只要你肯侧耳聆听，就能听到他们的声音。他们只要获得你的承认和接纳，就会把他们最宝贵的礼物赠送给你。他们可能会以你认识的人的形象出现，也可以表现为别的形象。如果你能够跟他们成为朋友，就可以更好地认识自己的内心世界，把心中潜藏的对自己的憎恨，转化为对生活、对世界的热爱。

我们每个人都可以拥有充实快乐的生活。只要我们能够找到真实的自我，就永远不会感到孤独。我们需要学会用爱和尊敬的态度看待心中的世界，因为只有这样，我们才能意识到内心空间的浩瀚与广博。这会让我们对自己产生全新的认识，使我们获得内心的宁静和满足。

你心中的每一种亚人格，都可以赋予你一份珍贵的礼物。你所具有的每一种特质都是有价值的，无论你是喜欢还是憎恨它们。如果我们拒绝这些礼物，就等于是违背了我们的本性。老话说得好："一切生命要么生长，要么衰亡。"我们需要从每一次人生经历中得到收获，然后再翻开人生新的篇章。当我们能够接纳自己的所有特质时，就可以自由选择人生的轨迹。

练　习

　　以下的练习应在非常放松的状态下进行，最好是在散步或沐浴之后，刚起床时或是临睡前。你需要聆听内心的声音，所以必须让心尽可能地静下来。你可以播放一些舒缓的轻音乐，焚一炷香，营造出最适合身心放松的氛围。闭上眼睛，深呼吸五次，让自己充分放松下来。

　　想象自己登上了一辆公共汽车，在车子中部找了个座位。这次旅行是你一直向往的，所以你很兴奋。天气晴朗，公共汽车在整洁的街道上行驶。你正在座位上坐着，忽然有人拍了拍你的肩膀对你说："你好，我是你的一个亚人格，这车上所有的乘客都是你的亚人格。为什么不四处走动一下，跟大家打打招呼？"于是你站起身来，开始在车里走动。

　　你周围是各式各样的乘客，有高个子也有矮个子，有老人也有年轻人，有不同种族和肤色的人，可能还有动物、怪物和外星人。有些人在朝你招手，也有些人缩在角落里不理你。仔细观察每一个人的样子。司机告诉你，你可以选择一名乘客陪你下车，在附近的公园里散步。不要主动去邀请某一个人，而是等到有人来邀请你，再跟他下车。

跟他一起在公园里坐下来，问对方的名字，以及所代表的特质。例如，你可以把那个代表了"愤怒"特质的人命名为"愤怒的弗雷德"或者"愤怒的安妮"。不要着急，多给自己一些时间。观察对方的长相和衣着，注意他的情绪和肢体动作。深呼吸，然后开口问："你给我的礼物是什么？"收到对方的礼物之后，再问："你需要我为你做些什么？"或者"我怎么做才能让你感到满意？"

跟对方聊一段时间之后，可以问："你还有什么东西要告诉我吗？"如果对方说没有，就陪着他走回公共汽车那里，然后上车继续你的旅程。睁开眼睛，把你方才经历的一切用笔记录下来，再写下你的感受，至少写上十分钟的时间。

一开始，你可能不会从对方那里得到太多的答案。不要着急，当你有了一定的练习经验之后，就可以取得更好的效果。练习过程容不得外界的干扰，所以一定要选择安静的环境，给自己留出充足的时间，并且把手机关掉。

08 | 第八章
重新诠释自我

检视你的核心信念

　　如果我们不治愈过去的伤痛，它就会一直影响我们的生活，让我们的天分和创造力得不到施展。我们总想改变周围的世界，以为只要这样，我们就能实现梦想。然而实际上，应该改变的是我们自己。我们总是不够坚持，不能让自己的天分充分发挥出来，不能表达自己心中的真实情感。我们觉得这一切都是因为小时候受到了父母的压抑，实际上，这种压抑之所以会一直持续到现在，也是因为我们自己。

　　这就好像在多年以前，我们曾经被关在笼子里，现在笼子早已消失了，我们却仍然受到它的影响，无法冲破它的限制。这笼子就是我们为自己设下的极限，是我们对自己的怀疑和恐惧。

　　我们觉得追寻梦想是一件非常消耗精力的事情，却没有意识到，整天庸庸碌碌地生活，压抑自己心中的渴望，其实更加消耗我们的精力。因为没有追求，所以我们无法发挥自己的潜能。这会让我们越来越绝望，这绝望会在我们心中慢慢积累，最终以疾病和愤怒的形式表现出来。如果我们不能接纳自己的过去，就会把心中的绝望和愤怒带往未来。

　　你完全有能力正视自己的过去，重新发掘自己身上那些被埋没的特质。你只需要闭上眼睛，探索自己的内心世界，就可以找到答案。你拥有改变自己生活的力量，但只有当你对改变的渴望超过了维持原有生活方式的惯性时，这力量才能发挥出来。我们往往会把自己遇到的问题和麻烦归罪于别人，归罪于周围环境，而不是从自己身上寻找原因。我们自己无法直面过去曾经遭遇的痛苦，所以只能试图忘记这痛苦，或是把它归咎于别人。要想改变现在的生活，你必须首先接纳和包容自己的过去。要想把你所追寻的东西变成现实，你必须首先为你身上发生的一切承担起责任来。

　　要预测一个人的未来，通常只要了解他的过去就可以了。过去的经历让我们相信，我们将来所能得到的东西，最多只能是过去经历的翻版。如果我们维持这样的信念，视野就会受到限制，导致我们无法超越过去的自己。观察一下周围的人，你会发现，大多数人终其一生都没什么变化。我们的过去会影响我们说话的方式、看待问题的角度，以及生活方式。有些人不仅要承担自己的过去，还要承担他们父母的过去。痛苦经历会在家庭中代代传承，我们只有理解了这种传承机制，才能从痛苦中得到解脱。

勇于质疑核心信念

　　我们生活中的核心信念几乎都是在很小的时候形成的，受到父母家人和童年经历的影响非常大。我们在两岁、六岁或八岁时遭遇的痛苦，往往会在潜意识里蛰伏一生，不停地影响我们的生活。绝大多数人从来都不会质疑自己的核心信念，也不会思考这些信念形成的原因。我经常遇到那些想成为作家或艺术家的人，他们尽管有这样的向往，却从来不付诸行动，因为他们觉得自己注定会失败。当我问他们为什么会这样想时，他们会说自己没有足够的天赋，或是没有接受过适当的教育。他们对这些理由深信不疑，对自己的梦想却没有足够的自信。

　　他们之所以会形成这样的想法，通常是因为在很小的时候，他们的父母或是其他敬爱的人曾对他们说，或是用其他方式对他们表示，他们没有能力实现自己的梦想。由于他们从来都没有质疑过这种信念，所以也就从来没有尝试过将梦想和追求付诸行动。

　　主导我们生活的核心信念往往是这样的："我做不到。这样的事情绝不可能发生在我身上。我没有足够的能力。我永远不可能做得足够好。"

前不久，一位名叫哈莉的年轻女士来参加我的心理辅导班。哈莉二十一岁，患有严重的抑郁症，因为无法照顾自己的生活，只能和母亲住在一起。课程刚开始的时候，哈莉总是一言不发，低着头坐在那里，不肯看别人的眼睛。她经常不自觉地用手指快速敲击桌面，让她周围的人无法集中注意力。课间休息时，她会蜷作一团躺在地上。我要求学员们用餐时两两搭档，坐在一起，但是她每次都一个人坐在那里。第二天，我走到哈莉身边，问她是否能接纳自己身上"可怜"的特质。她用充满困惑的眼神看着我，问道："是说我吗？"我不禁笑了出来，因为她所做出的不自觉暗示实在太明显了。我在她身边坐下来，问她对自己有什么看法。哈莉说，她绝不认为自己有一丝一毫的"可怜"。事实上，她非常讨厌那些故作可怜博取别人同情的人，其中也包括她的母亲。当我把她那些不自觉的表现描述给她听时，问题的根源就很明显了。哈莉从内心深处觉得自己是个不可爱的人，无法得到别人的爱。她之所以会不自觉地表现出一副可怜相，是为了吸引别人的注意。从小到大，她的母亲一直都有故作可怜的表现，为了在这方面"盖过"母亲，她只有更夸张地故作可怜。

哈莉自己并没有意识到这一点，因为她已经把"我不可爱"这种信念压抑到了潜意识深处，再投影到她母亲身上。
她无法看清自己，因为她的所有精力都耗费在"相信自己与
母亲不同"这件事上了。但是当她了解到别人对她的真实看
法时，就意识到了自己与母亲的相似之处。哈莉学会了接纳
和包容自己身上的"可怜"特质，从而赢回了对自己的主导
权，建立起了"我是一个负责任的人"这个全新的信念。几
个月之内，哈莉就找了一份工作，从母亲家里搬了出去，自
己租房子住。又过了不久，她遇到了一位心仪的男士，开始
了第一段真正属于自己的感情生活。因为她学会了正视和质
疑主导自己生活的核心信念，所以才能摆脱它的影响，自由
选择自己想要的生活方式。

　　儿时的经历会让我们形成各种各样的信念，这些信念深
深植根于我们的潜意识中，影响着我们生活中各种各样的决
定，并且我们通常意识不到这种影响。我们心中的偏见、痛
苦、耻辱和负罪感，往往是从上一辈人那里继承下来的。

　　我的祖母总喜欢杞人忧天，她的核心信念是"糟糕的事
情很快就要发生了"。我的母亲并不会担心毫无来由的事情，
但我从祖母那里继承了她的思维模式，例如，我们两人都会
无缘无故地为我儿子的安全担心。现在说来似乎很简单，但
我当初是花了好几年时间才意识到，我从祖母那里继承了这
种"爱担心"的特质，而祖母又是从她的父亲那里继承了这

种特质。现在，每当我感到担心的时候，就会问自己这担心究竟有没有道理，是不是来自祖母的影响。如果我意识到并没有什么好担心的，就可以放松下来，摆脱旧的思维模式对我生活的影响。

许多人会刻意表现出与他们的父母截然相反的特质，这其实是继承作用的另一种表现形式。在成长过程中，我们一直受到父母所表现出来的积极和消极特质的影响，这种影响的作用绝不可低估。我们的父母之所以会表现出这些特质，往往也是由于他们上一辈人的影响。我们无法改变自己的过去，但可以改变看待过去的态度。我的一位好朋友小时候曾经多年受到她祖父的性骚扰，她有一次对我说："正是那段经历让我学会了承受痛苦，我能取得今天的成功，很大程度上是拜当时的经历所赐。"

每一滴眼泪都是灵魂之旅

任何消极的事情都有积极的一面。我们所承受的每一次痛苦和挫折都是有意义的，都可以让我们在探索内心世界的路上走得更远。老话说得好："聪明人把经历当成老师，傻瓜把经历当成敌人。"世界是矛盾的统一体，如果没有消极的一面，积极的一面也就无从存在。如果我们能够理解这一点，就更容易接受现实。我的过去充满了谎言和欺骗、创伤和痛苦、毒品和滥交，但当我回顾过去时，并不会觉得这一切有多么难以接受，因为如果没有这一段阴暗的经历，我就不可能成为今天的我，不可能帮助那么多的学员解决他们的心理问题，也不可能写下这本书。我所经历过的每一件细微小事，每一个不眠的夜晚，流下的每一滴眼泪，都成就了今天这个独一无二的我。没有任何人能够完全像我一样说话，完全像我一样做每一件事情。我就是我，你就是你，我们每个人都是独一无二的，都会经历一场独一无二的人生之旅。

愿意负责就会有力量

　　我十三岁时父母离异，之后的许多年，这都是我心头的痛。每到感恩节假日的时候，我总是感到非常抑郁，心里期待着新年到来，好让生活重新回到正常状态。一天晚上，我忽然意识到了自己抑郁的原因。每次感恩节我都是陪着母亲一起度过的，没有父亲的陪伴，而父亲也没有儿女们的陪伴，只能孤单地度过一个又一个感恩节。

　　虽然意识到了这一点，但我的心情并没有好转，因为我似乎无法改变这种情况。我大声告诉自己："这一切都是由我造成的。"如果我不喜欢现状的话，就必须靠自己的努力来改变现状。我开始想象各种各样的解决方案。先去父亲家里参加宴会，再去母亲家里？只去父亲家，不去母亲家？似乎都不是什么好办法。不过，我最终想出了一个好主意。过去，家里的感恩节宴会一直都是由母亲主持的，我给她打了个电话，告诉她我想主持今年的宴会。母亲听了这话很高兴，认为这是个好主意。然后我小声说，我想邀请父亲和他的家人也来参加宴会。我告诉母亲，我非常希望两边的家人能够团聚，这对我来说十分重要。母亲沉默了许久，最后说："要是你觉得合适的话，就这么办吧。"

我兴奋地给父亲打了电话，邀请他和全家人一起来我家参加感恩节宴会。他显然很吃惊，问我母亲到时候会在哪里。我告诉他，母亲也会和她的家人一起来参加宴会。父亲接受了我的邀请，事情就这样定下来了。短短几分钟的时间，我就解决了一个原本看似无法解决的难题。我给哥哥姐姐打电话，把宴会的事情告诉了他们，尽管他们都怀疑我究竟能不能成功，但还是答应出席。我又邀请了几个朋友和他们的家人，好缓解可能出现的紧张气氛。那次宴会非常成功。总共有三十三位客人出席，坐满了好几条长桌，许多人都带来了丰盛的食物，所有人都非常开心。接下来的三年里，我每年感恩节都在家里举办宴会，每年都邀请父亲和母亲两家人来参加，直到我卖了房子搬到西部去为止。当我决定为过去发生的事情承担责任时，也就找到了跳出窠臼、解决问题的办法，直到今天，我仍然觉得这一切是个奇迹。

要想从过去的经历中汲取智慧，跳出过去的束缚，你必须首先为在自己身上发生过的所有事情承担责任。你必须要告诉自己："这一切都是由我造成的。"这些事情之所以会发生在你身上，并不是没有原因的、随机的，而是由于你自己的缘故。

当你能够为过去的经历负责时，也就拥有了重新诠释这些经历的自由，只有这样，你才算是真正长大了。不要一味质问上天："为什么让这样的事情发生在我身上？"而是要告诉你自己："我之所以会有这样的经历，是因为我需要从中得到体验和收获。这是我人生之旅的一部分。"

尼采曾说，否定过去就意味着否定自身的存在。我们只有接纳了自己的过去，才能拥有选择人生方向的自由。我们经历过的每一件事情，都会影响我们对世界、对自己的看法。要回顾和接纳我们的整个过去，并不是一件容易的事情，但却是心灵成长的必经之路。越是痛苦和沉重的经历，就越能发掘出积极的内涵。

"变脸"不是逃避自己

我的朋友南茜有一天打了个电话给我，抱怨她的生活越来越糟糕。她说，她每次照镜子的时候，都发现自己变得更胖了，并且她的脸变得越来越像她母亲的脸，上面写满了压力、担忧和失望。南茜问我，她要怎么做才能让自己的脸恢复正常。她自己分析，她之所以越来越胖，是因为这样看起来像个孕妇，这可以让她找回年轻时的感觉。我跟南茜一起制订了一套为期一个月的心理调节计划，内容包括写日记、冥想、情感释放练习等。南茜最需要的是接纳她自己的过去，把心中积郁的负面情感释放出来。她一边回忆自己过去的经历，一边努力接纳衰老、肥胖、可怜和丑陋这几种特质，这些都是她最不愿在自己身上看到的。回忆过程中，她经常会想起一些难以释怀的经历，这时她就一边记录自己的感受，一边设法从新的角度诠释这些经历。这一个月南茜感到无比漫长，但她终于可以从过去的经历中解脱出来，给自己一个新的开始了。

接下来的一个月里，南茜重新学会了关爱自己。她告诉我，她觉得自己需要拥抱和亲吻，所以她就想象自己拥抱和亲吻自己。她彻底原谅了自己过去犯下的种种错误。最后，她终于找到了内心的安宁。前不久，南茜打电话告诉我，她决定去做整容手术。她说，学会接纳自己身上的"衰老"特质以后，她终于可以重新让自己表现出"年轻"的特质了。她之所以打电话给我，是想让我判断她究竟是不是还在逃避"衰老"这个话题。跟南茜聊了一段时间之后，我发现，她并不需要去做整容手术，但手术的确可以给她的工作和生活带来非常大的改变。南茜自己就是一位美容师和化妆师。我告诉她，尽管许多人完全能够接纳自己、关爱自己，但仍然会对自己的身体做一些小的改变，例如剃胡须、刮腋毛之类。只要这样做的目的是为了让自己变得更美，不是为了逃避自己、否定自己，就没有什么关系。

南茜告诉我，前段时间，在她兼职打工的美容工作室里，护士们问她要不要在电脑上模拟一下自己整容之后的样子，她觉得这样很有趣，于是就尝试了一下。屏幕上的新形象让她感觉非常不错，但她并没有真正动心。几个月之后，南茜偶然在丈夫面前提起了这件事，结果他主动提出，如果她打算整容的话，他愿意支付所有费用。南茜说，当时那种水到渠成的感觉真是太好了。她最终去做了手术，并且对结果非常满意。她告诉我，她在学会接纳自己的过去、重新看待自己之前，根本不可能想到这样的事情。内心世界的改变，带来的是外表的改变。

为发生过的事负责

痛苦是我们最好的老师和向导。在痛苦的驱策之下，我们会去探索那些原本一直回避的东西。有多少人会为了寻找自己人生之路的方向，而选择承受二十年的痛苦？如果我当初没有承受那么多的痛苦，今天说不定还躺在迈阿密海滩的某一条赛艇甲板上晒日光浴，满嘴嘟囔的都是关于我自己的琐碎事情。我所经历过的消极和积极的一切，共同造就了今天的我。如果人生能够重来，我还会选择重新经历一遍那些痛苦，最终成为今天的我吗？当然会！我为我的过去，我曾遭遇过的痛苦而心怀感恩。但在我学会接纳自己内心的阴暗面之前，对痛苦只有嫌恶和憎恨。我憎恨自己遭遇的痛苦，也憎恨那些似乎从来都不曾遭遇过痛苦的人们。我花了很长时间才学会为自己经历过的一切承担责任。在此之前，我一直都在下意识地逃避责任。直到我能够从更高的层次上审视自己的生活时，才意识到我所经历的一切，都是心灵成长过程中的铺垫。今天，我努力为自己身上发生的每一件事情承担责任，因为只有这样，我才能从这些经历中得到收获。

　　承担责任是一件非常艰难的事。大多数人只愿意为自己生活中积极的东西承担责任，对于消极的事情则想方设法推卸责任。**当我们学会承担责任时，就可以把一切经历转化为成长的动力。**即使我们为某些经历感到痛苦或是羞耻，至少也可以意识到这些经历在我们人生之旅中的意义，从而得到慰藉。我们可以告诉自己："世界就是我的画布，是我自己把这一次的经历画在了上面，为了给自己上这宝贵的一课。"我们也可以告诉世界："我所体验到的一切，都发源于我自己的心中。"如果能达到这样的境界，你就可以自如地改变你的生活。

　　如果你不肯面对过去，过去就会成为你的包袱，让你无法自由前行，只能在同一个圈子里打转。心理学家罗洛·梅（Rollo May）把"疯狂"定义为"一次又一次地重复同样的事情，希望得到不同的结果"。我们必须从过去的经历中汲取智慧，重新接纳自己内心的阴暗面，因为只有这样才能打破这个圈子。那些懂得从负面经历中吸取教训、为自己的感情负责、有意识地改变自己生活的人，很少会重复犯同样的错误。如果我们能用这样的态度面对生活，就可以跳出过去的窠臼，改变我们想要改变的东西。我们所要做的，只是改变看待生活的视角而已。

换个活法，从换个说法开始

要改变看待生活的视角，我们必须检视自己的过去，直到我们能够通过对过去经历的重新诠释，为这些经历承担责任为止。把我们的遭遇归罪于别人，或是寻找理由和借口，当然比自己承担责任要容易，但这样的态度不可能解决问题。你所经历过的一切，无论是积极还是消极的，都不是偶然的，都有你自己的因素在里面。

能让你产生剧烈情感波动的每一个字、每一次经历、每一个人，都需要你去回忆、去面对、去接纳、去包容。我们需要在回忆中追溯这种情感波动产生的原因，例如某一次不快的经历，然后直面那次经历，承认它是我们过去的一部分。我们必须清楚地认识那次经历对我们的生活造成的影响，然后，再换个视角看待那次经历，把心中郁积的负面情感转化为正面情感。如果我们能够用新的、积极的方式诠释过去的不快经历，就更容易接纳和包容它，从而摆脱它对我们生活的持续影响。

我们需要选择那些能让我们的生活得到改善的积极诠释，

拒绝那些让我们感到孤独无助的消极诠释。我认为，只要我们能够找到合适的诠释方式，任何消极的经历都可以呈现出积极的意义。世上发生的事情本无积极和消极之分，是我们从自己的主观角度出发，给不同的经历贴上了积极和消极的标签。影响我们感情的，并不是客观的经历，而是我们对某一段经历的主观认识。我们之所以会把原本属于自己的责任推卸给别人，也是由于主观感觉的缘故。你觉得谁应该为你的缺点和失败负责？不要再寻找借口开脱责任了。只有为自己的缺点和失败承担起责任来，你才能接纳和包容这些缺点和失败，不让它们继续主导你的生活，让你的优点和成功之处显现出来。

以下的练习可以帮助你改变诠释事物的方式。首先，选择一个会让你产生剧烈情感波动的词，那种你最不愿意别人用来形容你的词。比如，假设我想要重新诠释"丑陋"这个词。我努力回忆过去，最终发现在小时候，我曾经有过一段痛苦的经历，从那以后我开始排斥丑陋这种特质。当时的情况是这样的：父亲有时会取笑我，喊我"猪鼻子"之类的。我的诠释：父亲不爱我，认为我丑陋不堪。我知道那段经历一直在影响我的生活，所以我必须正视它，用心去体验丑陋这个词给我带来的痛苦和羞辱，尝试重新诠释当时的经历。

新的诠释方式

积极诠释

1.我很美，所以父亲在我身边的时候总是有点紧张，只有给我取一些滑稽的绰号，他才能缓解自己的紧张情绪。

2.父亲认为那些绰号很可爱，那是他对我的爱称。

3.父亲非常爱我，所以希望我能早早为外面的世界做好准备。他认为他那样做是在保护我，以免我变得太骄傲。

消极诠释

1.父亲恨我，希望我一辈子留下心理创伤。

2.父亲觉得我真的非常丑陋，而他唯一能表达这种感觉的方法，就是用那些绰号来称呼我。

接下来，我开始逐条检视这些诠释方式。有些诠释让我感觉很好，有些则让我感觉很糟糕。对于每一条诠释，我都会问自己："像这样诠释当时的经历，能增长我的信心吗？对我的生活会有帮助吗？"如果原先的诠释对我的生活产生了消极的影响，我就会用新的、积极的诠释取而代之。问题在于，惯性思维的力量非常大，要改变既成的思维模式，并不是一件容易的事。所以，我们需要把当初的经历和我们所能想到的各种诠释方式都记录下来，等到心态合适的时候再做出选择。大多数时候，单是动笔记录当初经历的过程，就足以让我们心中积郁的情感得到释放。

继续刚才的例子。我决定选择第三条积极诠释，"父亲非常爱我，所以希望我能早早为外面的世界做好准备。"我之所以选择了这条诠释，是因为当我闭上眼睛，问自己究竟哪一条诠释最能滋养我的心灵时，内心深处的声音告诉我就是它。当我用这条诠释取代了原本的消极诠释之后，就可以平静地面对丑陋这个词了。无论父亲当时的本意是什么，至少我不会再为那段经历而痛苦。我不再担心别人觉得我丑，也不再把被我压抑的丑陋特质投影到周围人身上。现在，我用不着再把很多时间花在梳洗打扮上，即使素面朝天，也不会像过去那样感到难堪。

这一练习的适用范围非常广，任何一段让你感到痛苦的经历，任何一个令你觉得刺耳的字眼，都可以用这种方法重新加以诠释。曾有一位名叫哈娜的女子来参加我的心理辅导班，她曾有过被人用枪逼迫强暴的经历，那段经历让她觉得自己一文不值，这样的感觉困扰了她十五年之久。我要她就那段经历列出至少三条积极的诠释和两条消极的诠释。她清楚自己心中原先的诠释是消极的，于是把消极的诠释列在了前面。

消极诠释

1.因为我反叛家庭，讨厌自己的父母，所以才会穿着暴露的衣服上街，这完全是我自己活该。

2.我本来就没有任何价值，生活没有任何意义，只配被人强暴。

积极诠释

1.我当时对生活非常迷茫，不知道自己究竟属于哪里。那段经历所带来的教训，让我成了一个更加仔细、更加小心、更加自觉的人。

2.通过那段经历，我学会了尊重自己，保护好自己的身体。

3.那段经历唤醒了我的心灵，让我意识到，我用不着再成为别人的牺牲品。

哈娜把这些诠释都列在纸上之后，才意识到她其实有很多选择。我们首先分析了那两条消极的诠释，因为哈娜一开始觉得，她根本不可能为那段经历想出任何积极的诠释方式来。但等到我们的分析结束时，她已经又想出了好几条积极诠释。她最终选择了第二条积极诠释，"我学会了尊重自己，保护好自己的身体"，因为她觉得事实的确就是这样。哈娜用新的积极诠释替代了原本的消极诠释以后，终于能够接纳"放荡"和"恶心"这两个词——十五年来，这两个词一直主导着她的生活。当哈娜学会承认和包容自己身上的这些特质时，与之相反的特质也就自然浮现出来，她成了一个风度翩翩、气度高雅的人。

选择用积极的方式去诠释生活中的痛苦经历，是你对自己应负的责任。如果你一味寻找客观理由，不肯承担责任，痛苦经历就很可能会重演。你越能体会到生命的宝贵，就越容易用积极的态度看待发生在自己身上的一切。许多人都曾有过悲惨的经历。这样的经历是生活的一部分。接纳这些经历需要勇气和决心，如果你能用积极的方式重新诠释它们，就可以从中汲取智慧和教训，在成长之路上走得更远。

每件事都是神圣的

让我再举一个例子。一位名叫朱莉娅的年轻女子，几年来一直很想要一个孩子，当她最终怀孕的时候，她和丈夫都狂喜不已。然而，当她怀孕到第十四周时，下身突然开始流血，她很害怕，立即去找助产士做检查。助产士没能听到胎儿的心音，于是要她去做 B 超，结果发现胎儿已经死亡。朱莉娅痛不欲生，一连哭了好几天。我为她进行心理辅导的时候，死亡的胎儿还留在她的体内。我问她如何看待这件事，她哭着告诉我："肯定是因为我在刚怀孕那几天喝了酒，才影响了孩子的发育。我不配有孩子。"

朱莉娅把胎儿早夭的原因归罪于自己，这让她在失去孩子的哀伤之外，又承担了一重痛苦。当我们开始练习时，她首先列出的也是消极的诠释。

消极诠释

1.我永远都不可能成功怀孕、分娩，因为我的基因有缺陷。

2.我的许多朋友和亲人都做过堕胎，也许这是上天对我的惩罚。

积极诠释

1.这是我的身体经历的一次演练，是为了生出我命中注定会有的那个孩子而进行的准备。

2.这次经历说明我是真的想要一个孩子，我心里再也没有一丝一毫的犹豫了。

3.失去孩子的痛苦经历，会让我成为一个更好的母亲。

最终，朱莉娅选择了第三条积极诠释："失去孩子的痛苦经历，会让我成为一个更好的母亲。"当她把这句话大声念出来的时候，几乎立刻就感觉到了它的力量。她决定永远记住这个早夭的孩子，因为这次经历给她带来的不光是痛苦，还有心灵的收获。她的勇气和爱心终于让她能够继续正常的生活，现在，她正在为下一次的怀孕和生产做着准备。

黄金藏在暗处

只要我们能够直面自己的过去，拥抱当初经历的痛苦，就可以从痛苦的经历中汲取智慧，找到我们内心深处那块隐藏在暗处的金子。

我们每个人之所以诞生在这世上，都是为了完成上天赋予我们的使命，我们所经历的每一件事情，都是完成使命之前的铺垫。如果你能够用这样的态度看待你的过去，那你所经历过的任何一件事情，都可以成为你改变生活、探索内心世界的契机。

当我们能够接纳自己的过去时，要收回投影到别人身上的特质，就变得容易了许多。当我们刻意压抑某些消极的情感和特质时，这些情感和特质就会投影到我们周围的人们身上，给我们的生活带来无穷无尽的烦扰。我们无法接受自己内心的阴暗面，因此我们把精力都花在对别人的评判和鄙夷上了。

我们缺少承担责任的勇气，不敢承认自己犯下的错误。

我们害怕表现出自己不完美的一面，害怕在自己身上发现那些最让我们讨厌的东西。

我们害怕表现出内心的智慧和力量，因为这样会让我们在庸庸碌碌的人群中显得孤立。

我们害怕得不到别人的认同，所以宁可抛弃自己心中最宝贵的东西，也要给自己戴上一层伪装的面具。

我们以为伪装是生存所必需的，于是就继续伪装下去，直到连自己都忍受不了自己为止。那些被我们压抑的负面情绪会重新开始躁动，给我们造成越来越强烈的痛苦，让我们无法实现自己的梦想，甚至无法维持正常的生活。要结束这一切，只能靠我们自己。

只有你自己才能对自己说："不要再这样下去了。我要表现出我的力量、我的智慧、我的创造力。我要把我的全部潜能都发挥出来。"

"恐惧的苏珊"

过去，在相当长的一段时间里，我都无法建立起稳定的感情关系，原因是我认为男人全都是不可靠的，不能信任他们。所以我总是把我的男朋友盯得很紧，告诉他们假如他们出轨的话，我就跟他们分手。

结果，我的男朋友换了一任又一任，最终有一个男人告诉我，我之所以会这么不信任他，或许是因为我自己就不值得信任。我完全无法接受他的看法，因为我觉得自己对他从来都是忠诚的。

后来有一次，在我们吵架之后，我突然意识到自己正在想，我的下一任男朋友会是个什么样的人，会不会就是我命中注定的那一个。当时，我们双方都还没有提过分手的事情，但我已经对另一个男人浮想联翩了。不过，我很快就让自己相信，这只不过是我一时的幻想而已，于是没有深究这个问题。

直到很久以后，当我了解了心理学中投影现象的机制之后，才意识到我是把自己对人缺乏信任的特质投影到了别人身上。

我遇到的所有感情问题，其实根源都在我自己。当我最初意识到这一点时，第一反应是对自己的憎恨，憎恨自己对人缺乏信任的一面。我闭上眼睛，想象那个代表了"不信任"的亚人格出现在我心中。那是一个瘦瘦小小的女孩，一见到男人就会紧张得发抖，她的名字是"恐惧的苏珊"。我问她究竟需要什么，她的回答是同情。她声音中流露出来的恐惧触动了我的心弦。我把苏珊揽在怀里，告诉她不要害怕，我会永远陪在她身边。

我们必须学会同情自己，如果没有这种同情心的话，我们心中就会充满恐惧和对自己的憎恨。由于憎恨自己实在太痛苦，我们就把这种憎恨投影到周围的世界中去，让世界来憎恨我们。这样，我们就可以把这种痛苦归罪于世界，而不是我们自己。

一些离你很近的人——你的母亲、父亲、爱人、上司或是朋友，可能会让你产生强烈的情绪反应。如果你意识到自己出现这样的反应，就要记住这个人是谁，他令你产生情绪反应的特质是什么。这些特质往往是你需要去接纳，去包容的。当你从潜意识里发掘出某些特质之后，更深一层的特质就会浮现出来，这时你就需要重复之前的过程。探索内心阴暗面的旅程，是永远都不会有尽头的。

简单的练习

琼安·加图索在她的著作《爱的课程》中，介绍了她从作家凯耶斯那里学到的一种心理调节方法。找一张纸来，把某个让你产生强烈情绪反应的人的名字写在纸的左上方。在纸的正中画一条竖线，把他让你喜欢的特质列在竖线左侧，让你讨厌的特质列在竖线右侧。即使是我们非常讨厌的人，往往也有一些让我们喜欢的优点。清单的形式大约会是这样：

玛莎
积极特质　品味高雅　工作富有激情
消极特质　懒惰　邋遢　情绪化　大嗓门

现在，在纸的左边写上"我喜欢我自己……的样子"，例如我喜欢我自己品味高雅的样子，我喜欢我自己工作富有激情的样子。在纸的右边写上"我讨厌我自己……"的样子，例如我讨厌我自己懒惰的样子，我讨厌我自己邋遢的样子，等等。这样你就很容易意识到，你所讨厌的那些人表现出来的特质，同样存在于你自己身上。

有一天，我的朋友劳瑞给我打了个电话。她说她的感觉非常糟糕，因为她一直很欣赏她的大学室友克莉丝汀娜，但是前不久，克莉丝汀娜原本说好和她一起执行一项重要计划，却在最后关头背弃了她。劳瑞对克莉丝汀娜的做法非常不满，她对我说，克莉丝汀娜是一个自私、虚荣、娇生惯养、不懂装懂的烂人。我用尽可能温和的口气告诉她，当我们对别人的某些做法过度敏感时，往往说明我们自己也有可能会这样做。劳瑞坚持说，这一切与她自己毫无关系，是克莉丝汀娜终于暴露了她的本质。我要劳瑞把克莉丝汀娜身上让她喜欢和讨厌的特质分别列出来。她列出的清单如下：

克莉丝汀娜

积极特质 　领袖气质　优雅　虔诚　成功　美丽

消极特质 　自我中心　自私虚荣　不懂装懂　缺少同情心

接下来，我要劳瑞在纸的左边写"我喜欢我自己富有领袖气质的样子，我喜欢我自己优雅的样子，我喜欢我自己虔诚的样子，我喜欢我自己成功时的样子，我喜欢我自己美丽的样子"。在纸的右边写"我讨厌我自己以自我为中心的样子，我讨厌我自己自私的样子，我讨厌我自己虚荣的样子，我讨厌我自己不懂装懂的样子，我讨厌我自己缺少同情心的样子"。写完这些，她就已经发现，克莉丝汀娜所表现出来的这些特质，都是她自己同样具有的。劳瑞先是把自己所压抑的积极特质投影到克莉丝汀娜身上，所以才会那么欣赏她；当克莉丝汀娜让劳瑞失望的时候，她又觉得受到了欺骗，因为那个"完美"的克莉丝汀娜原来也有瑕疵，而且这些瑕疵都是她自己所努力掩饰的。劳瑞把太多自己的特质都投影到了克莉丝汀娜身上，所以，在克莉丝汀娜终于表现出真实的自我时，她才会感到无法接受。要想消除这种投影作用，劳瑞必须首先重新接纳和包容那些被她压抑的特质。

我让劳瑞给克莉丝汀娜写一封信，把她所有的真实想法都写进去，但不要把信寄出去。这样可以充分释放她心中郁积的愤怒和憎恨。劳瑞写完信后就意识到，她没有必要在克莉丝汀娜或是别人身上寻找自己的影子，她完全可以表现出自己的优雅和美丽，展露自己的领袖气质，追求属于自己的成功。克莉丝汀娜的所作所为，成了改变劳瑞生活的催化剂。

你就是我，我就是你

如果我们在纸上画一条线，把线的两端定义为"好"与

"坏"，绝大多数人都处于中间位置，既会表现出一部分"好"的特质，也会表现出一部分"坏"的特质。我们需要学会在整条线上自由移动，在不同的情况下表现出最合适的特质，不必为"坏"的特质而感到羞耻。我们所有的情感和冲动，都发源于我们内心深处的人性。要拥抱光明，我们必须首先学会拥抱黑暗。我们的心中永远都会有光明，也永远都会有阴影的存在，因为光和影原本就是互相依存的。当我们能够敞开心扉，包容世间的万事万物时，发生在我们身上的任何事情，都会给我们带来一份独一无二的宝贵馈赠。

练 习

1.给自己几分钟时间，创造一个宽松的环境。闭上眼睛，深呼吸五次，想象你自己迈进电梯，按下通往最底层的按钮，进入内心深处的神秘花园。一边欣赏花园里的美景，一边找个最舒适的地方坐下来，然后问自己："主导我生活的核心信念是什么？"几分钟后，动笔把你的核心信念记下来。

再度闭上眼睛，思考你所列出的第一项核心信念。问你自己下列的几个问题。不要着急，静静聆听内心深处的回答。

a.这究竟是我自己的信念，还是别人的想法？

b. 我为什么会有这样的信念?

c. 这一信念对我的生活究竟起到了积极的作用还是消极的作用?

d. 如果我要改变这一信念的话,需要付出什么?

把答案在本子上记录下来,然后再思考下一项信念。

2. 把你列出的每一项信念想象为一个独立的人,给他写一封信,感谢他为你所做的一切。然后再构思出新的信念,来替换那些你想要改变的信念。把每一项新的信念也想象为一个独立的人,告诉他你欢迎他的到来。睁开眼睛,把你所构思的信念记录下来。

3. 把你仍然无法彻底接纳和包容的字眼写在纸上,然后闭上眼睛,搜索你的记忆,直到回想起最初让你对这个字眼产生反感的那段经历为止。写下你对那段经历的诠释,然后再想象出五种全新的诠释方法,三种积极的,两种消极的。如果你想不出来,可以向亲人和朋友求助。构思新的诠释方法是一种创造性的行为,需要一定的经验和技巧。如果觉得某一种诠释太过牵强,就去寻找别的诠释。如果有问题,可以重新阅读这一章的内容。

09 第九章

心灵的光芒

让自己的心灯发亮

玛丽安·威廉森（Marianne Williamson）在《回归至爱》
（A Return to Love）中写道：

"我们最恐惧的不是力量不够，而是拥有太过强大的力
量。与黑暗相比，我们往往更加害怕光明。我们会问自己：
'像我这样一个人，怎么可能拥有才华、美貌、智慧和名
誉？' 其实，你为什么不能？别人能拥有的，你也同样可以
拥有。不要低估了你自己的潜能。不要因为担心遭到别人的
孤立和非议，就故意掩藏你自己心灵的光芒。我们每个人都
有无比耀眼的光芒，当我们让这光芒放射出来时，周围的人
们才能自由地放射他们的光芒。当我们从自己的恐惧中得到
解脱时，我们周围的人们也能得到解脱。"

这一章会教你如何让自己心灵的全部光芒放射出来，如
何像接纳内心的阴暗面一样接纳自己光明的一面，如何让自
己表现出那些原本被你压抑，只能投影到周围人们身上的积
极特质。

向宇宙宣告你要追求完整的自己

　　我们生活在一个全新的时代里。这是一个敞开心扉，治愈内心创伤，让心灵得到成长的时代。神经病理学家查尔斯·杜波伊斯（Charles Dubois）曾说："最重要的是在任何时候都能不拘于现状，发挥你的潜能。"阻止我们拥有完整的自我、发挥出全部潜能的，乃是我们心中的恐惧。因为恐惧，我们不相信自己能够实现梦想。因为恐惧，我们不敢承担任何风险，只能在原地裹足不前。恐惧剥夺了我们选择的权利，把我们限制在"积极"与"消极"之间的边缘地带。恐惧让我们麻木不仁，感受不到生活的乐趣和激情。恐惧让我们过着庸庸碌碌的日子，因为我们害怕超越我们为自己设下的那些"极限"。要想战胜恐惧，我们必须首先直面它、承认它的存在，然后再去接纳它、包容它。当我们能够接纳自己心中的恐惧时，就可以摆脱它的束缚。

　　我们害怕自己所拥有的巨大潜能，因为它的存在违背了我们的核心信念——"我不行"。没有人能够发挥自己的全部天赋。每个人都会下意识地压抑自己的某些积极特质，让它们无法表现出来。我们在努力保持谦虚低调的同时，其实也埋没了自己所拥有的一些最宝贵的特质，这些特质会成为我们心中"光明的阴影"。光明的阴影与黑暗的阴影一样，都是我们心灵阴暗面的一部分。

重新接纳我们刻意压抑的积极特质，绝不比重新接纳我们所刻意压抑的消极特质来得更容易。我在接受戒毒治疗期间，有一位女士来到戒毒所，为我们这些戒毒者举行了一场讲座。她一上台就告诉我们，她以优异的成绩从大学毕业，十三年来一直拥有美满幸福的婚姻生活，是一个优秀的母亲，并且很擅长跟人交流。在她列举自己的种种优点时，我心中想：真是个自以为是的婆娘，她以为她是谁啊？我们为什么非得听她的？就在这时，她停下了话头，看了我们每个人一眼，然后开口说："我来这里是为了告诉你们自爱的意义。你们需要承认自己身上的优点，并且把这些优点与身边的人们分享，这是非常重要的。"她告诉我们，为了树立起真正的自爱，我们必须让自己心灵的光芒充分放射出来。我们必须承认自己所拥有的优点，为我们所取得的成就而欢欣鼓舞。当我们放出自己的全部光芒时，周围的人们就会认识到，他们也可以这样去做。

她的话让我惊讶不已。在那以前，我偶尔也会吹嘘自己的才华，但那只是为了吸引别人的注意力，缓解我心中的不安全感。我从来没有想到过，我居然真的可以承认自己所拥有的优点。我总觉得做人应该收敛一点，不要轻易张扬，却没有意识到，正是这样的态度让我的许多天赋都埋没了。

那天下午，我学到了人生中非常宝贵的一课：我们必须承认自己的优点和长处，学会以自己为荣，而不是刻意压抑自己的才能。我们必须找出自己与众不同的地方。许多人觉得自己一无是处，以为成功、幸福、健康、快乐和创造力这些东西与他们无缘。其实，他们之所以无法得到这些东西，只不过是因为他们心中充满恐惧。我们既需要正视自己的缺点，也需要正视自己的优点，这不仅可以帮我们树立起真正的自爱，也可以让我们更容易发现别人身上的优点和长处。

花几分钟时间让自己放松下来。深呼吸几次，然后开始阅读下面列出的积极词语。每读到一个词，都大声告诉自己："我是……的。"例如，我是健康的，我是美丽的，我是聪明的，我是有才华的，我是富有的。如果你对某个字眼产生比较强烈的情感反应，或是觉得某个字眼特别不适合你，就把它单独记录下来。

满足，安全，可爱，鼓舞人心，富有魅力，容光焕发，令人开心，充满激情，快活，高兴，性感，宽容，充满活力，充实，精力旺盛，自信，善于变通，愿意接受别人，完整，健康，才华横溢，能干，睿智，尊贵，神圣，善于启发别人，心胸开阔，充满力量，自由，好开玩笑，博学多才，富足，开明，富有成就感，生活稳定，聪明，成功，有价值，坦率，富有同情心，强壮，富有创造力，安详，公平，声名显赫，遵守纪律，勇敢，宝贵，幸运，成熟，富有艺术天赋，敏感，有想法，浪漫，热心，坚定，心怀感恩，温柔，安静，柔和，被人需要，雍容华贵，富有主见，风趣，心甘情愿，守时，不可抗拒，大度，美丽，镇定，无忧无虑，容易相处，富有耐心，冷静，深思熟虑，虔诚，忠实，人脉宽广，有文化，有条理，讲道理，幽默，受人尊重，满意，好玩，干净，成果丰硕，准时，有趣，理解别人，充满信心，专一，乐观，前卫，高智商，有信用，活跃，迷人，无所畏惧，活泼，温暖，专注，富有创新精神，慈爱，妙不可言，富有领袖气质，可靠，冠军，富裕，有选择权，简单，淳朴，乐于付出，漂亮，多产，大胆，思维敏锐……

　　你拥有所有这些积极的特质，你要做的只不过是重新包容和接纳它们的存在，让它们可以在你身上表现出来。只要你能够回忆起过去表现出某种积极特质的经历，或是想象出将来可能表现出这种积极特质的情况，就一定可以接纳这种特质。你必须克服心中的紧张和不安，大声告诉自己："这就是我。"接下来，你要找到这种特质能给你带来的收获。积极特质与消极特质的不同之处就在于，前者带来的收获和益处是很明显的，我们只需要克服自己心中的恐惧和惯性思维的阻力就行了。很多人已经形成了根深蒂固的信念，认为自己确实才能平平、缺乏创造力，或是缺少其他的积极特质。要改变这样的信念，并不是一件容易的事情，我们需要足够的决心和勇气。

那些与客观事实相抵触的字眼，往往是最难接纳的。例如，如果你没有工作，欠着别人的债，就很难接纳"富裕"这个字眼。在这种情况下，你必须发挥想象力，设想自己在什么情况下才能变得富裕。你可以想象自己找到了一个新的工作，或是开了自己的公司。如果你无法接纳某个字眼，就不太可能把它变成现实。当你面对镜子里浑身肥肉的自己时，肯定很难接纳"苗条"这个字眼，然而，如果你连自己变得苗条的可能性都无法接受的话，就只能一直肥胖下去。如果你正处于单身状态，想要结婚的话，就需要接纳"已婚"这种特质。不同的人可能会在不同方面遇到麻烦，但只要你足够坚持，必然可以找到接纳每一个字眼的方法。

曾有一位名叫玛琳的女士来参加我的心理辅导班，她当时四十多岁，容貌保养得很好，但脸上总挂着疲惫和忧伤的表情。我要求学员们把积极词语列表中让他们感觉难以接受的词列出来，结果玛琳列了足足有二十多个。接下来的练习方法与接纳消极特质的练习方法基本相同，玛琳和两位搭档面对面坐在一起，她自己先大声说"我很成功"，她的搭档们再大声告诉她"你很成功"。

玛琳在接纳头几个词的时候还比较顺利，但是到了"性感"和"迷人"这两个词时，她停住了，摇了摇头。她说，她根本不可能拥有这两种特质。她告诉我，她几个月前发现丈夫有外遇，两人之间的感情几乎破裂。她觉得，丈夫之所以会有外遇，是因为她自己不够性感、不够有吸引力。我要她坚持尝试下去。一开始，她根本没法开口说出"性感"这个词。在我和她的搭档的劝说下，她终于开口说出了"我很性感"这几个字，但声音里没有一丝感情。她把这句话反复说了十分钟，仍然没有任何效果。她觉得自己根本不可能具有"性感"这种特质，要不然丈夫也就不会背叛她了。

玛琳的两位搭档都是女性，于是我决定换一种方式，让一位很帅气的小伙子汤姆做她的搭档。当我把这件事告诉玛琳时，她显然十分紧张。汤姆走过来，在她面前坐下，盯着她的眼睛告诉她："你很性感。"她目瞪口呆地看着他，完全不知所措。我提醒玛琳把汤姆说的话重复一遍。她终于流着眼泪开了口："我很性感。"汤姆立刻告诉她："没错，你很性感。"玛琳又重复了一次："我很性感。"两人这样重复了二十多次，玛琳的泪水才止住。

我又让汤姆帮助玛琳接纳"迷人"这个词。汤姆盯着玛琳的眼睛，用毋庸置疑的语气告诉她："玛琳，你很迷人。"玛琳的泪水一下子又涌了出来。她已经不知多少年没有听到过这样的话了。她哭了很长时间，终于开了口，用几乎听不见的声音说："我很迷人。"汤姆握住了她的手，重复了一遍："你很迷人。"玛琳也跟着他说："我很迷人。"

玛琳花了半个多小时才适应了"我很迷人"这几个字，但是，当她能够大声说出这几个字以后，很快就回忆起了过去谈恋爱时的经历，那时她确实觉得自己很迷人。那一瞬间，她的眼睛亮了起来，我知道，她已经重新接纳了自己身上的"迷人"特质。我要她站起来，用最大的声音喊："我很迷人！"她做到了，教室里顿时掌声一片，所有学员都为她的转变而兴高采烈。

爱是接纳所有的自己

有些时候，在重新接纳原本被你所压抑的特质时，你会经历一些痛苦，无论这特质是积极的还是消极的。并不是所有特质都会激起痛苦，假如你遇到这样的情况，一定要坚持到底，承受所有的痛苦，因为只有这样才能取得成功。当你重复某一个字眼时，可能会感觉到愤怒、恐惧、羞耻、负罪感、快乐、兴奋等，这完全正常。最重要的是坚持到底，无论你产生什么样的感觉，都不要半途而废。只有接纳那些原本属于你的特质，你才能找回完整的自我。

接纳原本为你所压抑的积极特质，之所以会让你觉得恐惧，是因为你必须推翻之前的一切理由、借口和解释，重新面对最根本的问题。我曾有一位名叫帕蒂的学员，她最难接纳的特质是"成功"。帕蒂自从结婚后，所有的时间都用来照顾丈夫和孩子。小时候，她曾经梦想成为一名职业大提琴手，但是父母要求她死了这条心，因为"正经"女孩子唯一的出路就是结婚生子。婚后，她曾对丈夫提到过她的梦想，希望能去参加大提琴培训班，但丈夫觉得那完全是浪费钱财。来参加我的心理辅导班时，帕蒂已经快六十岁了，孩子们都已经长大成人。我让她把自己最仰慕的人的名字列在纸上，结果她列出的全都是在艺术方面有杰出造诣的女性。一开始，帕蒂怎么都无法说出"我很成功"这几个字，她在尝试的时候，一会儿想笑，一会儿又想哭。

帕蒂认为，只有拥有自己的事业才能算成功。我问她是不是一个成功的母亲，她想了想，告诉我是的，她的孩子们都生活得非常好。我又问她是不是拥有一个成功的婚姻，这次她笑了，告诉我是的，她结婚已经超过三十年了。我又问她有没有成功做好过一顿饭，她大笑起来，告诉我她的厨艺非常不错。慢慢地，帕蒂开始意识到，其实她在生活的许多领域都已经取得了成功。课程结束的时候，她已经完全接纳了"成功"这种特质。十个月之后，帕蒂写信告诉我，她开始利用闲暇时间到附近的小剧院里演奏大提琴。她终于有了足够的自信，可以大胆追求自己的梦想了。

我们接受的教育往往要求我们尽量谦虚，尽量低调，不要轻易表现自己的优点。大多数人都认为自己只拥有很少的几种优点和长处。其实，只要是人类能够表现出来的积极特质，都存在于我们心中，如果我们能够接纳这些特质，就可以在恰当的时候把它们表现出来。

哈利是一位七十五岁的老人，他患有依赖症，已经接受了近十年的心理治疗，效果却并不理想。他和老伴一起来参加我的心理辅导班，希望能让两人之间的感情关系恢复如初。我们刚一见面，哈利就告诉我，他的情感状态完全是一团糟。他参加过情感控制的培训课程，所以并不怯于承认自己糟糕的情感状态。我开始引导他接纳自己的积极特质，这时我注意到，他的词汇列表中少了两个词："健康"和"完整"。哈利觉得自己的情感不可能恢复到健康的状态，所以我要他进行这样的练习：在那一天余下的时间里，每当他想说自己情感状态有多么糟糕时，就必须把话反过来，说他自己有多么健康、多么完整。

我能看出来，哈利在接纳这两种特质时非常吃力。经过好几个小时的努力，哈利终于说出了"我很健康"这几个字，之后又重复了很多遍，才彻底接纳了"健康"这种特质。他所表现出来的勇气和决心，让我和别的学员们都非常感动。练习进行到一半的时候，哈利告诉我们，这是他第一次意识到，他自己还有健康、完整的一面。在那天余下的时间里，我们又进行了彼此原谅的练习。重新接受了原本被压抑的积极和消极特质之后，哈利自然也就不再把这些特质投影到老伴身上了。他意识到，他的老伴莎洛特是一个非常坚强、非常有爱心的女人，一直都在关心着他。哈利说服老伴来参加辅导班，陪着她一起进行练习，取得了非常好的效果。两人都把在心中压抑了很久的许多事情告诉了对方，也都得到了对方的宽容和同情。

课程结束后不久，哈利因心肌梗塞去世。莎洛特给我打了个电话，感谢我为她丈夫所做的一切。她告诉我，在哈利学会接纳真实的自我之后，他们两人的婚姻关系就结束了多年的扭曲状态，回归了正轨，甚至变得有一点点浪漫。她还说，哈利早就知道自己已经时日无多了，她读了他在辅导课程期间写的日记，所以知道他心里并没有任何负担，走得很从容。说到最后，莎洛特忍不住哭了，因为在哈利离开人世之前，他们两人终于认识到了彼此心灵的美。

当我们不再把自己的积极特质投影到别人身上的时候，就可以体验到内心的宁静，只有在这种宁静中，我们才能体会到自己的完美。我们不会再躲在面具后面，不会再掩饰真实的自己。到那时，我们就会拥有选择的自由——无论我们想要表现出什么样的积极特质，都可以做得到。

如果你不承认自己的潜能，就无法让这份潜能得到施展。要敞开心扉，接纳完整真实的自我，需要你不懈努力。要自爱，必须首先原谅自己和别人。我们必须回归孩子一般的纯洁，用爱和宽容来接纳生活中的不幸遭遇。我们必须摒弃那些错误的信念和判断，承认自己所犯下的错误并原谅自己，毕竟，是人就难免会犯错。这原谅必须是发自内心深处的，是我们自己的选择。我们随时都可以放弃原有的偏见，原谅自己和别人的过错。当我们学会同情自己时，自然也就懂得了同情别人，即使是那些曾经让我们厌恶的人。一旦我们意识到，我们之所以会厌恶某些人，是因为在他们身上看到了为自己所压抑的某些特质，那我们就可以为这种情况承担起责任来，让问题得到解决。

里尔克在《给一个青年诗人的十封信》中写道："也许我们生活中一切的恶龙都是公主们，她们只是等候着，美丽而勇敢地看一看我们。也许一切恐怖的事物在最深处都是无助的，向我们寻求爱的救助。"如果你不能接受完整的自我，爱就谈不上完整。当我们苦苦寻求别人的爱时，或许并不曾想过，我们真正需要的爱可能并不是来自别人，而是来自我们自己内心深处。

我也有死亡的部分

我的朋友艾米跟她的丈夫埃德闹离婚的时候，整天总是怒气冲冲，随便一件小事都要发上半天的脾气。她也在努力控制自己的情绪，但总是没有什么效果。为了帮她释放心中的消极情绪，我让她把埃德身上她喜欢和讨厌的特质分别列在一张纸的正反面，然后再在自己身上寻找这些特质。一开始，艾米的单子列得非常长，但随着她的努力，单子变得越来越短，她投影到埃德身上的特质和情绪也越来越少。

然而，有一个词总是让艾米非常敏感——"心如死灰"。艾米生气的时候，总是觉得埃德在感情方面已经心如死灰，再也掀不起任何波澜了。她努力在自己身上寻找这样的特质，但是她无法相信，自己也有可能变成像他那样。她可以拿出很多证据，证明她自己感情丰富。她很容易就会被逗笑，也很容易就会哭泣。她很容易产生激烈的情绪，也很容易平复。然而，她仍然无法对"心如死灰"这个词感到释怀，这说明她仍然在下意识地压抑与这个词有关的某种情感或特质。

几个月后，艾米与埃德的离婚已成定局，她的心情也好转了，但是，每当她感到郁闷的时候，仍然绕不开那个词——"心如死灰"。然后艾米开始跟一位比她年轻很多的男子约会，他的名字叫查尔斯。有一天，查尔斯准备开车载艾米和她的儿子鲍勃出去兜风，他钻进驾驶室的时候，顺手取出了他们一直在听的"芝麻街"CD，换上了一张黑人歌手艾伦·奈维尔的CD，跟着音乐的节奏拍手哼唱起来，又转过身来跟鲍勃一起开怀大笑。艾米的眼泪刹那间涌了出来，尽管这一刻是如此的美好。她不知道自己究竟是怎么了。突然间，她明白了：她找到了那种心如死灰的感觉。查尔斯是这么年轻、这么富有激情，而她已经青春不再，永远也不能再像他那样拍手唱歌，享受那种无忧无虑的快乐了。

意识到这一点之后，艾米就原谅了埃德，同时也原谅了她自己。正是因为她跟埃德的矛盾，她才从潜意识里发掘出了自己的这一面。当她接受自己心如死灰的一面时，也就重新点燃了对生活、对未来的激情。

愤怒，也是一种能力

　　不要让愤怒的情绪郁积在心中。如果你害怕发泄愤怒的话，不妨这样想，当你压抑愤怒的同时，也就压抑了自己的潜能。愤怒是一种自然的情感，只有在受到压抑或是处理不当的时候，才会起到消极的作用。如果你能够同情自己，就应该让爱和愤怒这两种截然不同的情感在你心中和谐共存。

　　有一天，一位名叫卡拉的女子满脸笑容，容光焕发地走进了我的教室。卡拉做练习时总是很认真，但在我们开始进行发泄愤怒的练习时，她却遇到了麻烦。她说，她心中根本就没有一点愤怒。当时的练习内容是用棒球棍击打一堆叠在一起的枕头，这样的练习通常可以让练习者心中的愤怒充分发泄出来。卡拉身材高大，体重超标四十磅，要把面前的一小堆枕头"胖揍"一顿，原本不是什么难事，然而她几乎连球棒都举不起来。

　　那天的课程结束之后，我陪着卡拉在外面散步，跟她聊起愤怒的力量来。我告诉她，愤怒往往能成为开启我们心扉的钥匙，如果我们能释放心中郁积的愤怒，就可以让生命的能量流遍全身。尽管我这么说，卡拉仍然不肯承认她心中有一丝一毫的愤怒。我问她为什么减肥总是不能成功，她说这只不过是暂时性的问题，迟早会解决的。我建议她坚持进行三十天的发泄愤怒练习，尽管她并没有感觉到自己心中的愤怒。我告诉她，只要她每天花 5 ~ 10 分钟时间用棍子击打枕头，就可以达到神奇的效果。她问我击打枕头的时候心里应该想些什么，我说，如果她确实感觉不到愤怒，那就把枕头想象成她身上的脂肪吧。

几个月后，卡拉给我打了个电话，告诉我她减肥仍然没有成功，仍然没能找到她所期待的那种感情。我问她究竟有没有进行发泄愤怒练习，她说她觉得自己"无论对自己还是别人都没有什么愤怒"，所以就没有做。我告诉她，当我们得不到心中想要的东西时，原因总是在于我们自己——我们觉得自己不配得到这些东西。这种感觉会让我们对自己产生愤怒。尽管我这样说，卡拉仍然坚持说她心中并没有任何愤怒。

又过了整整一年，卡拉终于又打来了电话。她的第一句话就是："猜猜怎么了？我生气了！"我不禁高兴地叫了起来，因为卡拉终于表现出了她一直压抑的愤怒。她说，这一年里她一直感觉不好，生活中处处不顺。最终，因为缺钱，她决定把房子的一部分租给另一个女人。那女人搬进来一周左右，卡拉就开始对她感到生气。尽管她努力掩饰自己的感觉，但只要那女人一走进房间，她就会觉得不爽。她觉得自己犯了一个很大的错误，于是要求那女人搬出去。那女人没有地方可去，说她只能等找到新的地方之后再搬出去。卡拉勃然大怒，告诉她必须在三天之内搬出去，否则就把她的所有东西都扔出门外。

这次的发作让卡拉终于意识到，自己心中并不是没有愤怒，只不过掩藏得很深而已。她无法再否认自己的这一面，只能努力去接纳它、包容它。她说，一开始她觉得非常震惊，不知道自己该怎么做。于是她采用在我的课堂上学到的方法，把自己心中代表愤怒的亚人格命名为"生气的哈莉特"，想象自己跟她谈话。她问哈莉特："你给我的礼物是什么？"哈莉特回答，生命的能量。她告诉卡拉，如果她能够得到卡拉的承认，就可以给予她实现人生梦想所需的能量。卡拉找出那根已经闲置了一年多的球棒，把几个枕头堆在一起拼命痛打，打得枕头里的棉絮四散。她说，那种彻底释放愤怒的感觉确实非常好。她接纳了自己愤怒的一面，也原谅了自己的感觉。很快，她的工作业务增长了两倍，减肥计划也取得了成效。

要重新接纳被我们压抑的特质和情感，往往需要一段时间的努力，不能一蹴而就。我们可以接受别人的建议和指引，但别人不可能替我们解决问题。发掘自己内心的阴暗面，找回完整的自我，最终还是要靠我们自己。这是一项复杂的任务，对许多人来说都是非常困难的，所以，如果你一时无法取得进展的话，不要气馁，继续坚持下去。毕竟，这可能是我们一生中最重要、最有意义的任务了。

滋养你的心灵

你可以在生活中采用一些正式的仪式，用来滋养自己的心灵。当我要求学员们滋养自己的心灵时，他们通常会满脸困惑："我究竟该怎么做？"不同的人，最合适的做法并不相同，但最重要的乃是滋养自己的意愿。只要你有意愿，就可以找到合适的手段。

比如，你可以找一张自己婴儿时期的照片，挂在每天都能看到的地方。婴儿往往会激发我们心中的爱，让我们把自己无法表现出来的纯真投影到他们身上。我的儿子出生以后，无论我走到哪里，都会有陌生人上前来打招呼。他们告诉我，我的孩子是那么漂亮，那么可爱，看起来那么健康、那么与众不同。这些人从来都没有见过我，更没有见过我的儿子，但他们都认定我儿子确实具有他们所说的那些特质。其实，他们是把自己的某些特质投影到了我儿子身上，即使我儿子有再多的缺点，他们也不会注意到的。

　　你究竟会把哪些特质投影到婴儿身上？换句话说，当你看到陌生的婴儿时，心中会有什么样的反应？会赞叹他们的纯真、可爱和完美，还是会认为他们任性、自私、不可救药？你是否觉得他们的父母很糟糕，不懂得如何照顾他们？你所产生的想法，其实都是你自己被压抑的特质和情感的写照。

　　当你看到自己婴儿时期的照片时，很容易意识到自己心中的纯真。大多数人对婴儿的同情和宽容，比对自己和别的成年人都要多。想象一下，如果一个婴儿在你的电脑机箱旁边碰翻了一杯水，你是会勃然大怒，还是会默默地把水擦干净？如果碰翻这杯水的是一个成年人呢？我们看待婴儿和成年人的态度截然不同。把自己看成一个纯真的婴儿，只需要你的爱、关怀和肯定。让这个婴儿得到你的爱。闭上眼睛，想象婴儿时期的你的形象。问自己："我今天应该为这个婴儿做些什么？怎样才能让他感觉到我的爱？"聆听内心深处的回音。或许你应该对婴儿时期的自己说："我爱你，我接受你，我欣赏你。"或许你应该从繁忙的工作中抽出一点时间来休息，去看一场电影，或是睡个午觉。现代人往往太忙碌，以至于忘记了该怎么照顾好自己。许多人最需要的两件东西，一是休息，二是自己和别人的肯定。

　　早晨是最适合滋养心灵的时间，因为这是新的一天的开始。每天早晨心中的感觉，很可能会影响这一整天的精神状态。每天早晨起床时，先给自己几分钟清静的时间，然后再投入到一天的忙碌生活中去。

　　每次淋浴之前，可以用精油从头到脚进行按摩。首先是头部，这里有你的各种感官，有你的声带和大脑；然后是脖子和肩膀、胳膊和双手、胸部和腹部，这是你自己的身体，是你心灵的居所；接下来是臀部和双腿，最后是这么多年来一直承载你的体重，带着你走遍许多地方的双脚。怀着爱和感恩的心情按摩你身体的每一个部位。闭上眼睛，体会身体各部位的感觉，有没有哪个部位不舒服，或是紧张？如果有不舒服或紧张的感觉，这是你的身体在承受压力时向你发出的信号。

　　如果没有时间进行按摩，你也可以在淋浴过程中认真擦洗自己身体的每一个部位，感谢这个部位这么多年来为你、为你身体的其他部位所付出的一切。整个过程可以在五分钟之内完成，当然，如果你有时间的话，也可以花更长的时间在上面。关键是要给自己足够的关怀和尊重。当你能够关怀和尊重自己时，就会更加懂得关怀和尊重别人，并且把那些同样懂得关怀和尊重别人的人吸引到自己的身边来。

　　你也可以每天晚上通过仪式性的活动来关怀自己，例如焚几炷香，把灯光调暗，好好泡一个热水澡。泡在浴缸里的时候，你可以沉浸在冥想状态中，放一些舒缓的轻音乐，也可以什么都不做，享受宁静和闲暇。如果你不喜欢泡澡的话，也可以用其他方式把自己弄得舒舒服服，营造出适合滋养心灵的气氛。

我最初对自己进行心理调节的时候，专门把可以滋养自己心灵的事情列了出来。我花了一段时间才意识到，去健身房锻炼并不能滋养我的心灵，尽管那可以让我更健康、更漂亮。身体和思维的需求与心灵的需求，有时并不是同一回事。

当时我刚刚跟男朋友分手，感觉非常孤独。我决定不让自己被悲伤所左右，于是努力从心中寻找失落的爱。每天晚上，我都会精心为自己准备一份丰盛的大餐，尽管我并不是很会做饭。去商店采购食品的时候，我会问自己："哪些东西最能滋养身体和心灵？"用餐时，我会放一些优美的音乐，在旁边点上一炷香。饭后，我会为自己生起一堆篝火，或是在房子里到处点起蜡烛。这样过了一两个星期，我每天都会迫不及待地回家，享受自己为自己创造的气氛。我没有再从别人身上寻找浪漫，而是为自己创造了浪漫——并且的确成功了。

我每天晚上为自己所做的这些事情，极大地改变了我的生活。每天起床时，我都感到非常放松、非常充实，自我感觉良好。如果以前你盼望别人为你做某些事情，那现在就自己动手去做。如果你喜欢花，就给自己买花，或者放音乐，点蜡烛，营造自己喜欢的气氛。如果你平时习惯了不修边幅的话，一个人吃饭的时候，可以穿得正式一些，用这种方式来表达对自己仪表的关注。像对待贵族一样对待自己，因为你确实是最尊贵的。

你怎样对待自己，世界就会怎样对待你。如果你关怀自己，滋养自己，从内心深处肯定自己，别人就会自然而然地关怀你，尊重你，肯定你。如果你觉得自己需要更多的爱，就给予自己更多的爱。如果你需要别人的承认，就要首先承认自己。如果你觉得你已经为自己做了一切，可世界仍然对你冷若冰霜，那最好再检视一下自己的内心世界，找出那些潜藏的、消极的东西。

1.这一练习的目的是鉴别和释放心中积郁的负面情感。寻求内心宁静的关键在于原谅自己和别人，所以要把心中的愤怒、憎恶、悔恨和负罪感尽量释放出来，以免这些情感妨碍你进行自我原谅。

写日记是处理情感的一种很好的方法。当你把心中所想的事情记录在纸上时，会不由自主地让情感自由宣泄出来。

　　首先给自己创造一个舒适的环境。准备好本子和笔。如果你愿意，可以放一些舒缓的轻音乐，或是焚一炷香，营造出最适合放松的氛围。闭上眼睛，调整呼吸，让你的心安静下来。深呼吸五次。

　　想象你走进电梯，按下最底层的按钮。电梯门开了，你走进了内心深处的神秘花园。欣赏周围的风景，然后找一个最舒服的地方坐下来。深呼吸一次。问自己下面的几个问题，静静等待从内心深处传来的答案。睁开眼睛，把答案在本子上记录下来，然后再重新进入你的神秘花园，问自己下一个问题。

　　a. 我的生活会变成现在这样，是因为我怎样看待自己？

　　（记录）

　　b. 我心中郁积了哪些负面的情感——憎恶、创伤、愤怒、悔恨，或者别的什么？

　　（记录）

　　c. 有哪些人是我无法原谅的？

　　（记录）

　　d. 我要原谅这些人，同时也原谅我自己的话，需要做些什么？

（记录）

e. 现在把所有需要你原谅的人的名字列成一张单子，给每个人写一封短信。如果单子太长，尽量多写几封信，把剩下的留到下一次再写。当然，这些信用不着寄出去。

f. 哪些话才能准确概括你到现在为止的生活状况？

2. 给自己写一封原谅的信。把你最喜欢的三个人的名字列出来，然后在每个人的名字后面列出他最显著的三种积极特质。做这一章开头处介绍的练习，把那些会让你产生强烈感情波动的积极特质也写在单子上，跟你方才总结的九种积极特质列在一起。

站在镜子前，告诉镜中的自己："我是……我很……。"对于每种积极特质，都要重复足够多的次数，直到你不再感觉到情感波动为止。每天可以针对一至两种积极特质进行这样的练习。如果你无论如何都无法接纳某一个词，就先对下一个词进行练习，过一段时间再回头来接纳这个词。

10 | 第十章
充实人生

把陈述句改成问句

　　要实现梦想，首先必须认清自己的梦想到底是什么。小时候，我们会追随父母和老师们的足迹，在他们的指导下选择学校和课程，以及课余的兴趣爱好。长大之后，我们选择职业和伴侣的标准，往往也会受到上一辈人的影响。我们什么时候才能摆脱这种影响，完全遵从我们自己内心的指引？我们什么时候才能自己选择前进的道路？当我们感觉到人生空虚的时候，可曾想过原因究竟是什么？

　　这样的问题最容易让我们感到恐惧，因为它们要求我们质疑一直以来遵守的信条。你曾经质疑过生命中那些最根本、最核心的信念吗？许多人终其一生都不会这样做，结果只能沿着既定的轨道前行，无法摆脱儿时形成的核心信念的束缚。这一章的主旨在于探索未知，冲破禁锢。不要告诉自己"我做不到"，而要经常问"难道我不能去尝试吗？我究竟在害怕什么？"只有这样，你才能找到人生的真正意义所在。

　　问自己究竟有没有走在正确的人生路上，并不是一件难事。困难之处在于聆听从内心深处传来的回答。许多时候，你的思想会给你某一个答案，你的心则会给你另一个截然不同的答案。恐惧或许会促使你维持目前的生活状况，而爱则会要求你做出改变。你必须让思想安静下来，聆听内心的声音。你必须敞开心扉，让心中的激情和愿望浮现出来。人生是一片浩瀚的海洋，如果你只是在浅水中蹚出几步，头还露在水面上的话，你能看到的风景就跟站在岸上没什么不同。如果你敢于潜进水的更深处，等待你的就是一个全新的世界。

然而，我们总是害怕淹死，还害怕犯错误，害怕失败。你的梦想是否足够重要，值得你去面对心中的恐惧？你是否真的想让它实现？选择权完全在你自己。你可以选择改变看待人生的态度，把对改变的恐惧转化为对生活的热爱。把"我真失败"转化为"我能成功吗"；把"人生真是无聊"转化为"人生的乐趣在哪里"；把"我不可能改变什么东西"转化为"我究竟可以改变什么"。

你在害怕什么？想改变什么？

我们总希望自己是正确的，总想拥有更多的安全感，这种本能会阻止我们寻求更加充实的人生。如果我们质疑自己的核心信念，就会产生不安全的感觉。你是愿意在"我不可能做成什么大事"这样的论断下苟度余生，还是推翻这个论断，追求更伟大的成就？你是愿意对一小笔银行存款拥有百分之百的控制权，还是愿意管理一笔有风险的巨额投资？你是愿意长期做一份你并不喜欢的工作，还是冒着亏损的危险，在你最喜欢的领域组建你自己的公司？你的生活幸福吗？你追求的东西是你内心所渴望的吗？如果你知道自己只有一年可活了，你还会继续做你现在所做的事情吗？你的人生选择还会与现在一样吗？

闭上眼睛，想象自己处在内心深处最安全、最舒服的地方。问自己，你最希望自己的人生是什么样子。问自己为什么不去追求你的梦想。你在害怕什么？如果你真的只有一年可活，你会用这一年的时间去做什么？你会改变什么？聆听内心深处传来的回音。下定决心，改变自己的生活，让你的梦想能够得以实现。下定决心，永远追随内心的指引，永远朝着心中向往的方向努力。只有这样，你才能对自己和整个世界说："我能够实现我的梦想，无论需要多大的努力，我都一定能够做到。"

苏格兰探险家穆瑞（W.H.Murray）曾写道：

"如果你不够投入的话，就会犹豫，就有可能中途退缩，就必然会导致效率低下。所有开创性的活动都遵守同一条真理，如果你忽视了这条真理，无论多么辉煌的计划都只能流于失败：当你彻底投入到你所做的事情中时，就可以改变命运。如果你足够投入的话，世间所有的门都会为你而敞开。你会在意想不到的时间，以意想不到的方式得到意想不到的帮助。无论你的梦想是什么，都要马上开始努力，去把它变成现实。勇气会带来天赋、能力和神奇的际遇。"

　　如果我们不够投入的话，就难以实现我们的梦想。遗憾的是，绝大多数人在追求梦想的时候都不够投入。我们夜里躺在床上的时候，会幻想更好的生活、更健康的身体、更令人满意的工作，但是幻想不能改变任何事情。这是因为我们幻想的时候，只不过是在欺骗自己罢了。

　　如果我们不付出努力，幻想就只能是幻想。我们幻想健康的身体，却每天坐在办公桌前，不肯花一点点时间出门锻炼。我们幻想浪漫的爱情，却每天待在家里，不肯出去寻找机会。我们总是苟安于现状。没有人会来拯救我们，没有人会来替我们实现梦想，无论我们怎样幻想，都不可能改变过去——只有当我们意识到这些，才不得不承认，要发挥我们的全部潜能，只有靠我们自己。怪罪别人总是比承担责任更容易。"要是我失败了怎么办？要是我受了伤害怎么办？别人会怎么看我？"

不用一种瘾疾去代替另一种

　　我在离二十九岁生日还有几个星期的时候，终于戒掉了毒瘾。在此之前，我已经有十五年的吸毒史了。我的生活充斥着痛苦和抑郁。从表面上看，我似乎并没有什么问题，但在内心深处，我知道自己正在死去。

　　我一连经历了四次戒毒治疗，才最终下定决心改变自己的生活。在此之前，只要我感到有一点点愤怒，或是有一点点孤独，或是有一点点不快，就会重蹈覆辙。但在那一天，天气晴朗，我在迈阿密的街上迎着清风驾车行驶的时候，心中只有对人生、对这个世界的感恩之情。

　　突然间，我心中出现了一幅图景：我摆脱了所有的瘾疾——烟瘾、毒瘾、大吃大喝、无节制地购物，以及男人。我看见自己周游全国各地，把我的健康之道与人们分享。我听见自己说："你能做得到，你能成功，你能让自己彻底康复！"我的身体在强烈的情感中颤抖着。我既感到无比兴奋，又感到无比恐惧。我知道，这个世界给了我太多的爱和关怀，我必须予以回报。在那一刻，我意识到，我有能力改变自己的生活，也有能力改变这个世界。我知道，只要我足够投入，只要我能战胜自己的愤怒、狂躁、固执和自负，那么我，黛比·福特，就确实能为这个世界做一些事情。

就是这幅图景造就了今天的我。每当我想要放弃，想要停止探索自己的内心世界时，内心深处总会传来一个小小的声音："不行，你的任务还没有完成。你还没有彻底康复。"每当我想要把所有的过错推给别人时，那个声音总会问："你在这件事情中的责任是什么？为什么你会让这样的事情发生在你身上？"我下定了决心，必须要彻底康复，所以，当我不愿去接受心理治疗，或是不愿发掘自己心中更深一层的痛苦时，最终还是会战胜惰性和阻力，因为决心的力量比追求自我欺骗、自我麻醉的力量更加强大。

我去参加体重控制组织的聚会，不是因为我的体重超标，而是因为我发现自己会无意识地吃掉整块的巧克力蛋糕。当初我之所以吸毒，是为了改变自己感受世界的方式，而食物也有可能起到与毒品类似的作用。我决定不用一种瘾疾去代替另一种。尽管我可以靠无节制地进食来麻醉自己，但我选择了正视这个问题。

我知道，要想真正改变我的生活，我必然会有一段时间的不适应，只有坚持下去，才能取得成功。

当然，我距离"完美"的标准还差得非常远。不过，我并不追求成为一个完美的人。我的追求是做一个完整的人，一个结合了完美与不完美的人。

今天，我的使命是聆听自己内心的声音，让生活尽可能充实一些。我努力给自己更多的爱，因为我知道，只有当我能够爱自己的时候，才能把更多的爱给予别人。

这本书里所介绍的，都是那些曾经帮助我摆脱痛苦，让我得以彻底康复的练习方法。如果我当初没有下定决心做出改变的话，这本书就不可能存在。

学生准备好，老师就会出现

如果你不知道自己究竟想要什么的话，不要害怕，只要下定决心发挥自己的全部潜能就够了。只要你能全心全意投入到生活中去，生活就会给你带来与众不同的收获。只要你足够投入，自然会去那些你需要去的地方，读那些你需要读的书，遇到那些能够帮助你、教导你的人。佛教里有一句老话："弟子若准备好时，老师自会出现的。"十四年来，我曾接受过数百位老师的教导，其中有朋友，有恋人，有业务上的合作伙伴，也有骗子、窃贼和流氓。所有那些曾经与我有过来往的人——无论这种来往是积极还是消极的——都给我带来了独特的经历，让我有所收获。我的朋友安妮米卡曾说："所有来拜访你的人都是来治愈你的。"那些来参加我心理辅导班的人也是如此，他们既是来向我寻求帮助，也是来治愈我的。对这一点的理解，彻底改变了我在与别人交往时的态度。

我有一位朋友，体重超标至少一百磅。他总是告诉我，他吃得有多好，饮食结构根本不是他的问题。在某种程度上，他的话的确有其道理。食物并不是问题，问题在于他不肯承认自己的饮食习惯有什么问题。他一方面吃东西成瘾，另一方面又不愿承认这一点，也不愿为此向别人求助。

瘾疾的力量之所以这么强大，就是因为人们根本不愿正视自己身上的瘾疾。如果我们真的下定决心改变自己的生活，就必须要寻根究底，找出我们现在的生活中所面临的问题根源。如果你真的下定决心减肥，那么发现自己吃东西成瘾，就是一件好事——因为你只有意识到了问题的本质，才能解决问题。如果你觉得自己在饮食习惯方面没有任何问题，把肥胖归罪于新陈代谢太慢，那当然就不可能达到减肥的目的。

把愿望宣布出来

在需要把自己的梦想表达出来时，一定要大胆一点，再大胆一点。许多人把梦想当成博物馆里珍贵的钱币，总是锁在严实的保险箱里。他们每天夜里都会默默祈祷，让自己梦想成真，然而由于心中的恐惧和惰性，他们并不愿意迈出哪怕一步。究竟谁会得到那枚钱币？是那个制订出行动计划，并且确实付诸行动的人；是那个最投入的人；是那个真正付出努力，改变自己生活的人。

我的朋友约翰今年三十六岁，是一个很有才华的作曲人和歌手。我最初跟约翰谈起他的音乐天赋时，他根本就不愿意听我说下去。他总是说："求求你，别说了。我不愿去想这些事情。"过了很久，约翰终于承认，他曾经梦想过获得格莱美奖，在百万听众面前演奏他的音乐。在此之后，他只要一谈起他的音乐梦想，就会立刻容光焕发。当他演奏自己创作的音乐时，全身都充满了从内心深处洋溢出来的激情。很显然，音乐就是约翰心中最向往的东西，而当他已经意识到这一点时，剩下的就是付诸行动了。

一天傍晚，我跟约翰坐在一起，开始分析他为什么还没有成为一名成功的作曲人和歌手。我们找来一张纸，在正面写下他所追求的梦想，背面则写下他尚未实现梦想的原因。最后，纸背面的内容如下：

消极信念

我，约翰·帕尔默，不可能实现目标，因为我没有足够的才能。

这样的目标并不现实。

这不是一个正经的意大利裔小伙子应该做的。

我在上钢琴课的时候不够认真。

在过去的五年里，我一直在尝试类似的事情，但没能取得成功，所以我有什么理由会在这件事情上取得成功？

我只不过是个年轻人，还没准备好做这样一件大事。

我不能把时间浪费在不现实的梦想上。我必须找一份真正的工作。

正是这些信念阻止了约翰，使他根本不把音乐当成一种严肃的职业选择。作为一个局外人，我根本无法想象，约翰究竟为什么不能像我一样看待他自己的音乐才能。但是当他表达出心中的恐惧时，事情就很明显了：他在潜意识中，对阻力和负面因素的认同感实在太强烈了，以至于掩盖了他追求梦想的愿望。

我们必须把那些阻止我们实现梦想的信念全都发掘出来。我把这些信念称为"消极信念"。无论你是否决定追求某一种梦想，都要分析自己的动力和阻力究竟来源于哪些因素。如果我们不去分析，不去质疑自己的动机，就只能继续庸庸碌碌下去。

现在花一点时间找纸笔来，把你自己没能实现的某个目标写在正面，把你没能实现这一目标的原因列在背面。想到什么就写什么，不要花时间考虑。写完之后，再回过头来逐一分析每条原因。这究竟是客观事实，还是你自己的主观判断？二者之间有本质的区别。当我们对约翰的列表进行分析时，最终结果是这样的：

消极信念

我，约翰·帕尔默，不可能实现目标，因为我没有足够的才能。（主观判断）

这样的目标并不现实。（主观判断）

这不是一个正经的意大利裔小伙子应该做的。（主观判断）

我在上钢琴课的时候不够认真。（主观判断）

在过去的五年里，我一直在尝试类似的事情，但没能取

得成功，所以我有什么理由会在这件事情上取得成功？（主观判断）

我只不过是个年轻人，还没准备好做这样一件大事。（主观判断）

我不能把时间浪费在不现实的梦想上。我必须找一份真正的工作。（主观判断）

由此可见，约翰所遇到的阻力全都来源于他的主观判断，而不是客观上的障碍。这些判断有的来自于他自己，有的则源于他的家人对他的影响。这些判断主导了他的生活，让他无法实现梦想。不幸的是，绝大多数人的情况都是这样。我们经常任由心中的消极信念和判断主导我们的生活。有趣的是，我们的朋友和家人往往也抱有类似的信念和判断。可能是我们影响了他们，让他们觉得我们的情况确实如此，也可能是他们影响了我们，让我们无法脱离桎梏。我曾跟约翰的几个朋友一起参加过一次聚会，当我提起他在音乐方面的追求时，有三个人都告诉我，他很难实现他的梦想，并且他们的措辞和论调跟约翰写在纸背面的一模一样。究竟是约翰影响了朋友们对他的认识，还是朋友们影响了他对自己的认识？抑或这种影响是相互的？无论如何，这样的认识确实对他形成了强大的阻力，让他无法努力去实现梦想。

　　要改变自己的生活，必须下定决心。多年的心理辅导经验让我发现，许多人尽管喜欢谈论他们的梦想，却不愿意改变那些阻碍他们实现梦想的行为模式。问问你自己，你是否真的在努力实现自己的梦想，抑或只是把梦想当成空喊的口号而已？没有任何人能替你解决问题，你只能靠你自己。而且你确实可以靠自己解决问题。

上帝已来过

　　我们每年花在美容、保健和维持感情关系方面的钱，都是一笔不小的开支，然而绝大多数人仍然对生活的许多方面都不甚满意。我们想要的东西似乎总离我们一步之遥。我们之所以会处在这种状态，是因为我们尽管假装正在努力前进，其实只不过是在原地徘徊而已。如果你连实现目标的具体计划都没有，这样的目标又怎么能称之为目标呢？如果你不付出足够的努力，目标就只能是幻想而已。这就是心理学所谓的"异想"（magical thinking）。我们欺骗自己，让自己以为梦想有一天终能实现，同时又没有任何实际行动。有人会在冥想时假设梦想已经实现，有人会跟朋友大谈他们的梦想，有人去教堂祈祷，有人花钱找人算命，也有人把自己的梦想寄托在电视里的人物身上。

这些都是我们逃避现实的方法。就算真的有上帝，如果我们只是祈祷，没有任何实际行动，难道上帝就会帮助我们吗？我曾听过这样一个故事：有一个人非常虔诚地信仰上帝，经常对他的朋友们说，他这辈子不可能有什么问题是不能解决的，因为上帝会帮助他。有一天，他居住的镇子附近发了洪水，大家都拎着大包小包逃命，只有这个人待在家里没有动，因为他相信上帝会来救他。水开始从门缝和窗框漫进来。一辆消防车从他家窗前开过，车里的救援人员大声喊："快出来，跟我们走！"那人回答："不用管我，上帝会来救我的！"

很快，水涨到了齐腰深，镇上的街道全都变成了河流。一条救生艇从门前驶过，船员们冲那人喊："快游到船上来！"那人又一次回答："不用管我，上帝会来救我的！"水越涨越高，一直淹到了房顶，他只好爬到房顶上。这时一架直升机从房子上空经过，飞行员看见了他，于是放下软梯，通过扬声器喊道："下面那位，快抓住梯子，我们会把你带到安全的地方去！"那人仍然回答："不用管我，上帝会来救我的！"最后，他终于淹死了。在天堂的大门口，他怒气冲冲地质问上帝："我全心全意地信仰你，指望你来救我，可你为什么无动于衷？"上帝反问道："你是什么意思？我已经派了一辆消防车、一条救生艇、一架直升机去救你，你还要我怎么办？"

　　信仰本身并没有问题，关键是不能把信仰当成逃避现实的借口。要想实现梦想，必须靠你自己的努力。首先明确目标是什么，然后制订切实可行的计划，再一步一步努力达成。不要指望天上掉馅饼，幸运无缘无故降临到你头上。如果你想要达成某个目标的话，先问问自己，你究竟有没有切实可行的计划。如果没有计划，就重新检视一下你的目标，看看它究竟是不是空想。如果你有计划的话，最好把它列在纸上，如果只是在脑子里想想，实现目标的可能性就会低得多。

六百万美元太少了

　　如果没有计划，梦想就会成为我们的心理负担，让我们感到空虚。甘地曾说："任何人只要做出和我一样的努力，胸怀同样的期望和信心，就能做出我所做过的一切。对此，我是确信无疑的。但如果没有行动的话，期望和信心又算是什么呢？"绝大多数人之所以会痛苦，是因为他们并没有努力去追求自己的梦想。他们把时间都花在抱怨上，抱怨自己没找到合适的工作，或是没遇到合适的伴侣。当我问他们打算采取什么样的具体步骤来改变这样的现状时，他们总是用迷茫的眼神看着我。他们以为，只要他们能够"熬出头来"，就可以让所有梦想变成现实。这样的信念是很危险的。

制订行动计划并不是一件难事，关键在于怎么动手去做。我建议你选择某个你一直想要达成，却一直没能如愿的目标——最好是一个看上去没那么遥远的目标，然后把它分解为四个部分：每天的计划、每周的计划、每个月的计划，以及每年的计划。问你自己："我今天该做什么，才能达到目标？我这个星期该做什么，才能达到目标？这个月呢？这一年呢？"在日历上把你需要做的具体事情标注出来。只有当你有了具体的计划时，才算是迈出了通往梦想的第一步。

前不久，一位名叫尼克的男子来找我，问我为什么他的公司不能再成功一点。他反复对我说，他觉得似乎有什么东西在妨碍他，阻止他的公司成为业内的领头羊。跟他聊了很长时间之后，我问他，他的公司每年的营业额是多少。他告诉我约在六百万至七百万美元。我很惊讶，于是问他，为什么营业额这么高他还不知足。他答道，如果年度净利润能增加到四百万美元左右，他就用不着这么辛苦工作了。我问他现在的年度净利润有多少，他说公司的收入几乎与员工工资持平。我说，或许他不应该单纯追求增加营业额，而是要削减经费，最好能把公司的利润率增加到30%左右。他并不喜欢我的说法，因为他一直都觉得，要想赚大钱，只有把业务做大。

　　这件事情的荒谬之处在于，尼克开的是一家咨询公司，换句话说，他的业务内容就是建议别人怎样做才能赚到更多的钱。我们又聊了好几次，尼克最终告诉我，他父亲二十多年前曾对他说，他永远都不可能赚到大钱，因为他花的钱永远都会比赚的多。很显然，尼克确实相信了父亲的话，所以才会把公司搞成现在这样。现在，他需要改变自己的核心信念，把成功的定义由"更高的营业额"转化为"无论营业额多少，都要达到 30% 的利润率"。他做出了这样的转变之后，立刻就意识到了有许多可以削减运营经费的地方，但要成功削减经费，他必须首先解决公司内部的一些难题。他一直都喜欢给员工充分的自由，不大在乎各部门的开销，也不愿意削减任何人的薪水。在过去，他觉得这才是大腕应有的风范。

　　尼克召集公司高管开会，告诉他们，他需要他们的帮助，尽量削减公司的运营开支，最好达到 30% 的利润率。这是他第一次真心听取公司员工的意见。为了追求成功，尼克不得不做出很大的改变。他必须为公司的现状负责，因为这是他自己的管理手段造成的效率低下。这样的改变并不是容易的事。经历了许多痛苦之后，尼克开始意识到，他并不是真心想做一个成功的企业家，那只不过是他表面上的想法而已。他并不喜欢在墨西哥生活（他的公司开在那里），也并不喜欢每个月出差二十天的工作节奏。他发现，他的生活质量其实比他以往所想象的差得多。

因为尼克下定决心，要克服一切障碍追求最幸福、最满意的生活，所以命运就给他创造了一系列的际遇，让他发现自己原本所追求的东西并不是自己真心想要的。他意识到，自己其实并不满意于做一家员工众多的大公司的老板，他需要的是一位妻子和一个家庭，而要实现这个目标，他就必须有稳定的生活，不能总是四处奔波。于是，他重新设定了追求的目标，把心灵的成长和稳固的友谊作为最高追求，因为这才能让他得到真正的成就感和满足感。

像许多人一样，尼克是在经历过许多痛苦之后，才发现了自己心中真正的追求。如果你下定决心要在某个方面改变自己的生活，但又没能达到目标，那就要分析究竟是哪些消极的信念影响了你。或许你的目标并不是你心中真正想要的，有些时候，你必须勇于承认这一点。你的头脑会欺骗你的心，驱使你去追求更多、更大、更好的东西，而没有意识到你的心所向往的其实是另外一些东西。你必须认清这种情况，才能正确把握努力的方向。

我们许多人都像过去的尼克一样，觉得只要努力去追求某个目标，就能填补心中的空虚。然而，如果我们追求的方向偏离了心灵真正的需求，就无异于南辕北辙。究竟哪些东西才能让你的人生变得充实而满足？你究竟是谁，来到这个世上是为了什么？有些人的生活太过喧嚣嘈杂，根本听不见内心深处传来的声音，另一些人则总是在等待、在期望、在祈祷心中的梦想能够实现，却不晓得采取行动的唯一时机就是现在。

要达到你所期望的改变，必须言出即践。你对自己、对别人所说的每一个字，都会真真切切地影响到你的生活。如果你告诉自己，你会培养起更健康的饮食习惯，或是会换一份新的工作，然而不去做，就等于是向你自己宣布说你并不值得信任。即使是收拾房间这样的细微小事也是一样，如果你说了要做，那就动手去做。如果你食言的话，自尊心就会受到损害。

多年以前，我曾参加过一项叫作"心灵论坛"的心理开发计划，正是在那时，我学到了言出必践的重要性。事情其实非常简单：说什么就要做什么。如果你不想做某件事情的话，就不要说你会去做。把自己的信誉看得比黄金还要重要，因为只有这样，你的话才能为你带来比黄金还要宝贵的财富，让你追求的目标变成现实。每次你言出即践时，都会增强自己的自尊和自信，告诉自己和整个世界，你的话确实值得信任。这样，当你说你要赚更多的钱，爱上一个人，写一本书，或是开一家诊所时，就更有可能做到这些事情。

如果我们总是欺骗自己的话，就会丧失对自己的信任，这是一件非常严重的事情。你所说的话不仅可以起到跟别人交流的作用，而且可以对你的生活产生非常强大的影响，赋予你力量与自由——当你下定决心为自己或别人做某件事情时，如果你知道自己确实能够做到，你就拥有了力量；当你想要改变自己的生活，或是追求某个新的目标时，如果你知道自己确实能够做到，你就拥有了自由。

让内在声音引导你

心理学家詹姆斯·希尔曼（James Hillman）在《破译心灵》（The Soul's Code）中写道："你生来就具有自己的人格，根据古老的传说，那是守护神在你出生时赐予你的礼物。"我们每个人都拥有这样一份礼物，那是我们毕生的使命。要弄清楚这使命的内容，需要长时间的不懈努力，因为只有揭开了掩藏心扉的层层面纱，我们才能看清自己的内心世界。每个人的使命都是独一无二的。或许你的使命是教导人们，滋养人们，治愈人们，或是研究出一种治疗癌症的新方法；或许你的使命是发明某种东西或是某种跟别人打交道的方式，或是抚养某个孩子长大成人。无论你的使命是什么，只要你努力去寻找它、完成它，它就会让你的人生变得无比充实。

心理医学专家大卫·西蒙（David Simon）曾说：

"佛教中所说的'达摩'，意即'使命'，其概念是这样的：世上没有任何东西是孤立的，与其他东西不相关联的。每个人来到世间，都有专属于自己的使命，以及相应的才能和智慧，用来完成这使命。当我们按照达摩的内涵来生活时，就等于是为自己和那些被我们的选择所影响的人们服务。当我们觉得自己的生活已经处于最佳状态，再没有什么事情是我们想要做却又不能做的时候，就算是达到了达摩的境界。我们能给予别人的最大帮助之一，就是帮助他们去发现自己的达摩内涵。这也是父母在儿女的生命中所能起到的最重要的作用之一。"

如果你不清楚自己的达摩内涵——也就是自己的人生使命——究竟是什么的话，不必担心，只要你聆听自己内心的声音，迟早可以找到答案。许多人常年忽略自己内心的声音，结果在他们想要聆听的时候，却发现内心世界已经被重重的帷幕所遮蔽。只有拉开这重重帷幕，才能让发自内心深处的声音到达你的耳朵，指引你前进的方向。

我最初戒掉毒瘾的时候，正在从事服装零售工作。我越是对自己进行心理调节，就越意识到自己不能再这样下去，必须要对生活做出改变。我不知道自己究竟该去往何方，所以每天早晨，我都会跪下来，念诵戒酒互助社手册上的祷告词：

"神啊，我将自己敬献给您，听凭您的教导和安排。请除去我的桎梏，让我能够更好地追随您的脚步。请消解我所遇到的困难，让我能够向他人传诵您的力量、您的爱、您所倡导的生活。愿我能永远奉行您的意愿！"

每天早晨的祈祷是一种仪式，让我建立起了这样的信念：有朝一日，我一定能认清我这一生的使命。所以，几个月后在迈阿密，当那幅周游讲学的图景出现在我脑海中时，我并没有一丝一毫的惊讶，因为我知道那是神对我的指引。

许多人之所以不愿意遵从内心的指引，是因为他们担心自己完不成人生的使命。恐惧使他们不敢去追求心中的梦想，甚至不敢去了解自己的梦想究竟是什么。然而，我们每个人都有能力也有义务去完成自己人生的使命，只要我们能够冲破恐惧和惰性的樊笼。

我建议你把自己的使命列成一张清单。首先列出五到十个让你感觉到激情洋溢的词语，然后再用这些词语组成一个强有力的句子，作为指引你完成使命的信念。我自己第一次尝试总结自己的人生使命时，完全不知道该说些什么。突然之间，我嘴里自动蹦出了一句话："我会为人们提供这样一种可能性，让他们能够从零开始重新设计自己的生活。"一开始，我根本不知道自己的话是什么意思。思考了一段时间之后，我意识到，我确实相信所有人都能实现自己心中的梦想，并且无论我们经历过什么样的挫折，承受过什么样的痛苦，都可以重新开始。我相信，我们用不着永远受到固定行为模式的限制，在失败的泥潭中原地打转。我们随时都可以结识新的朋友，尝试新的职业，直到我们能够彻底发挥出自己独一无二的天赋为止。

与内在恶魔大和解

甘地曾说："世界上仅有的恶魔就是那些在我们心中到处流窜的家伙——所以我们所有的战斗都必须在自己的心灵中展开。"探索内心的阴暗面，意味着敞开心扉，跟自己心中的恶魔握手言和——拥抱自己的恐惧和弱点，因为它们是你人性的一部分。你的心灵就是你能给自己的最好的礼物。当你对自己敞开心扉时，也就对所有人、对整个世界敞开了心扉。

相信你自己内心最深处的智慧。冲破你为自己设下的限制，下定决心追求你最想要的那种生活。上天会赋予你力量和同情心。勇于承认现状，改变现状，努力实现你心中的目标。允许你自己拥有你想要的一切。你做得到！

练 习

1. 在这一练习中，你需要总结出关于自己人生使命的积极信念，弄清楚自己究竟想要成为什么样的一个人。关注的重点可以是你的健康、感情关系、事业、心灵的成长，或是这几者的综合。

闭上眼睛，深呼吸，让自己充分放松下来。想象自己走进电梯，按下最底层的按钮，进入内心深处的神秘花园。找个最舒服的地方坐下来，召唤出你自己光明、积极的一面，让那个"你"告诉你，究竟该怎样做才能实现梦想。如果你听不见那个"你"的声音，就自己给自己一个答案，只要这答案能给你足够的动力就可以。感谢那个光明的"你"给你的帮助，然后睁开眼睛，回到现实世界。在本子上写下你所找到的答案，把它简化成一条具体的信念。

这条信念可以支持你前进，帮助你的心灵成长。信念的内容要尽量简单直接，越容易记住越好，每天都要重温几遍。以下是几条范例：

a. 我是一个高尚，诚实，有爱心的人。
b. 世界是我的朋友和爱人，永远都会满足我的需求。

c. 无论我走到哪里，都可以找到真理、美和更多的可能性。

d. 我很有智慧，懂得让世界帮我实现梦想。

e. 我能够把心中的一切渴望与梦想变成现实。

你所写下的信念，必须能激发你对生命的热情。越是简单的话语，例如"我能改变这个世界"，往往越有力量。

养成新的习惯需要时间，所以，在最初的一个月里，无论发生什么事，每天至少把新的信念诵读一遍。最好在早晨刚醒过来时诵读，如果没有条件，就在晚上临睡前诵读。也可以把新的信念写在带有不干胶的便笺纸上，贴在你经常活动的地方，例如家里、办公室里、汽车里等。你越是重视这条信念，它对你的作用就越大。

2. 另一种表达你心中梦想的练习方法称为"藏宝图法"，可以跟几个朋友一起练习。需要的道具包括硬纸板、几本你们最喜欢的杂志、剪刀和胶水。

藏宝图（想象练习）

闭上眼睛，回到内心深处的神秘花园。欣赏周围美丽的景色。天气晴朗，花木郁郁葱葱，鸟儿在周围歌唱。气温如何，是凉爽还是温暖？你脸上能感觉到一阵微风吗？欣赏够了以后，就找一个最舒服的地方坐下来，让自己彻底放松，想象一年后的生活。你已经拥有了想要的一切，所有的梦想都已经成了现实，你感到非常平静、非常满足。你相信自己，相信这个世界。这时候的生活是什么样子？给自己足够的时间去想象。你的感情生活是什么样子？健康状况如何？娱乐方式如何？家人和朋友们怎么样？财务状况如何？心灵的成长情况如何？再想象自己五年后的生活。彼时你的感情生活是什么样子？健康状况如何？娱乐方式如何？家人和朋友们怎么样？财务状况如何？心灵的成长情况如何？

　　想象练习结束之后，睁开眼睛，在杂志里寻找那些能让你感到兴奋的图片，把它们剪下来。这一过程中不要思考，动作要尽量快，跟着感觉走，哪怕把杂志里的图片撕坏了也没关系。给自己 10～15 分钟的时间，不要太长，否则你会开始质疑自己的动机。收集了足够多的图片以后，就可以开始下一步的练习了。

　　把你剪下来的图片贴在硬纸板上，旁边写下你所追求的目标。把硬纸板挂在你经常活动的地方，用来提醒自己，你心中所向往的究竟是什么。

　　3.把你实际的生活状况与理想中的生活状况进行对比。

找一张纸，把二者之间的不同之处列在上面。要怎样做才能把理想变成现实？把具体的行动计划列在纸的背面。有了切实可行的计划，下一步就是努力实施了。

做好人，还是做完整的人？

人类自古就对心灵的阴影有所认识，这种认识是所有宗教的核心，因为宗教就是在光明与阴暗之间寻求平衡的过程。撒旦曾经是所有天使中最高贵、最有力量、最光明的，而他的堕落象征了我们所有人都会遭遇的诱惑。撒旦的故事让我们在道德层面上保持警醒，以免在诱惑之下堕入阴暗面而万劫不复。

前段时间在明尼阿波利斯，我在主持一场关于阴影的讲座时，听众中有一位男子站起来问我："你方才讲的内容不就是新瓶装旧酒吗？"

"嗯，没错。"他所表现出来的理解力让我有些吃惊。"阴影在人类历史上的所有宗教中都起到了非常重要的作用。不过，我们经常需要用'新瓶'来装这样的'旧酒'，用新的语言来诠释旧的矛盾。你说得没错，我们对阴影的理解的确可以算得上是'旧酒'了。"

这段经历让我想起了那些曾经在我的心理咨询室里直面自己心灵阴影的患者和学员们。每一代人都需要新的表达方式来阐述与阴影有关的一切。阴暗不仅仅意味着消极，更意味着隐蔽——它藏在我们的内心深处，在我们意识之光照耀的范围之外。"心理咨询"（counsel）一词与宗教上的"告解"（confessional）同源，心理咨询室的作用也跟天主教的告解室非常相似，是人们倾诉内心秘密的地方。心理咨询师的职责，则是引导患者和学员们探索自己的内心世界，找回那些为他们所压抑和否定的东西，让他们全部的潜能得以实现。

瑞士著名心理学家荣格在 1937 年出版的著作《心理学与宗教》（Psychology and Religion）中写道："今天的人们要理解宗教的内涵，或许只能通过心理学的手段。所以，我努力改变那些由来已久的固定思维模式，把它们回炉重炼，用现代人经验的模具重铸成我们能理解的东西。"

"阴影"这个概念本身就属于荣格所说的"模具"，它概括了我们人格中阴暗未知的部分。有光必有影，在我们意识之光的照映下，阴影的范围和内涵随时都在发生变化。生活在现代社会中的我们，不停地对各种体验进行选择性的主观诠释，用来建立最能为我们的主观意识所接受的世界观和人生观。结果，我们越是追求光明，投下的阴影就越深厚。

我们给"阴影"取了许多种不同的名字：内心的阴暗面、另一个自我、低层次的自我、异类、黑暗的孪生子、被抛弃的自我、受压抑的自我，等等。我们把探索阴影的过程称为与心魔会面、跟魔鬼搏斗（在魔鬼的强迫之下）、降临地狱、体验心灵暗夜、中年危机，等等。

当我们形成独立的自我意识时，阴影也就出现了。随着我们的意识变得越来越强势，阴影也变得越来越浓厚。凡是不符合我们的理念和自我定位的东西，都会受到我们意识的压抑，而陷入阴影的层面。诗人罗伯特·布莱（Robert Bly）把阴影称为"每个人背上负着的隐形包裹"。布莱说："我们在二十岁之前，总是在考虑要把自己的哪些部分塞进包裹里，而在余下的一辈子里，则总是在努力把包裹清空。"

荣格曾问："你究竟愿意做一个好人，还是一个完整的人？"他认为，只有把阴影与意识结合起来，才能让我们的心灵恢复完整，只有这样，我们才能认识真正的自我。他说："认识阴影是一个实践的过程，而不是理性思考的过程，这一过程中对痛苦的体验是不可替代的。"

探索阴影意味着维持矛盾双方的平衡，填补意识与阴影之间的裂痕，这一点，黛比·福特在这本书里已经解释得非常清楚了。这就是东方哲学所提倡的"中庸之道"。当我们能够同时接纳自己心灵的光明和阴暗面时，就可以减少阴影的消极作用，让原本浪费在自我压抑、自我伪装上的生命能量重新释放出来。如果我们所有人都能达到这样的境界，就能影响整个世界。

　　绝对不要轻视任何一本关于阴影的书。这样一本书来之不易，因为其内容涵盖了那些游离于绝大多数人意识之外的东西，几乎等于是泄露了天机。作者往往要经历常人想象不到的痛苦和牺牲，才能积累足够的心灵底蕴，创作这样一本书出来。要理解书中的内容，光靠我们的头脑和思想是不够的，还需要想象力和发自内心的感悟。

　　《接纳不完美的自己》这本书，的确是新瓶装旧酒的最好写照。瓶中的酒一如既往地甘洌醇厚，而瓶子则充满了新时代的气息，很容易为现代人所接受。我们都应该采纳黛比·福特的建议，心怀爱与同情，努力去探索、去发掘我们自己内心的阴暗面。

　　《易经》第五卦"需卦"曰："有孚，光亨，贞吉。"其意义可以诠释为："只有当我们有足够的勇气去面对客观真相，不进行自我欺骗，不为幻觉所左右时，才能认清前行的方向，做事亨通顺利，得到好的结果。"这也是探索心灵阴影的真谛。

　　杰瑞迈亚·艾布拉姆斯（Jeremiah Abrams），《人性阴暗面》（Meeting the Shadow）一书作者

跋

　　读完这本书，你是否觉得有所收获？是否愿意付出足够的时间和精力，追求完整的自我和充实的生活？存在于你意识层面之下的，只不过是那些原始的、未经过处理的思想和感情，如果你能认识到这一点，你心中的伤痛就能得到治愈。只要你让那些原本被压抑的思想感情重新浮出水面，就可以长舒一口气，让自己轻松下来。只要你摘掉那层用来掩饰自己人性的面具，就可以重新认识心中那个真正的自我。

　　在这本书里，我引导着你经历了一段漫长深刻的心灵之旅，目的是为了让你认清自己，认清自己所拥有的无限潜能。我们探索了宇宙的全息特性，认识了人人皆平等的深层次原因。我们了解了投影现象的机制，那是世界将我们所压抑的特质呈现在我们面前的方式。我们学会了接纳和拥抱自己身上的消极特质，发掘这些消极特质的积极内涵，让内心世界复归于平衡状态。正如乔布拉所言："只要我们不对自己和别人妄下判断，自然能迎来心灵的宁静。"只有在这种宁静中，我们才能聆听内心深处传来的声音，那是我们至高的智慧。

　　我们每个人都有机会重新清扫自己心中的城堡，打开每一扇门上的锁，让那些尘封的房间重见光明。每一个房间都代表我们的一种独一无二的特质，每一个房间都需要我们的关怀和照料，而我们也有能力提供这样的关怀和照料。如果我们要发挥自己的全部潜能，就必须让内心世界的每一个角落都散发出光芒来。我们要戳破由虚假的观念构成的肥皂泡，认清世界的本来面貌。我们要敞开心扉，用心去容纳整个世界。不要把自己的心当成一幢狭窄的小屋，因为你所拥有的乃是一座宏伟的城堡。

　　你真的想要追求内心的宁静吗？只要你想要，就能做得到。向自己投降。不要刻意压抑自己。不要抗拒内心的冲动。不要伪装。不要否认自己。不要欺骗自己。让原本禁锢你的牢笼变成你内心世界的一部分。不要在所有方面都追求完美，因为让我们把自己禁锢在牢笼里的，正是对完美的过度向往和追求。我们每个人都是矛盾的统一体，是光明与黑暗融合的产物。追求完整，追求光明与黑暗的调和，这才是你应该努力的方向。

　　悉达瑜伽基金会的创办者马伊大师（Guru Mayi）曾为我讲过这样一个故事：国王派他的使者出去寻找全世界最糟糕的东西，然后带回他面前。使者出发几天以后，空着手回来了。国王问："你究竟找到了什么？全世界最糟糕的东西在哪里？"使者回答："就在这里。"然后伸出了舌头。国王要求使者解释。使者说："我的舌头是全世界最糟糕的东西，因为它会撒谎，会传播邪恶的话语。当我过度放纵自己的舌头时，就会把自己弄得筋疲力尽，况且我的话还会伤害到别人。总之，我的舌头是全世界最糟糕的东西。"国王对这样的解释很满意，于是又派使者出去寻找全世界最美妙的东西。

过了几天，使者又空着手回来了。"这一次又是怎么回事？全世界最美妙的东西在哪里？"国王质问道。这次使者一言不发，又伸出了舌头。"怎么可能？赶快解释清楚！"国王叫道。使者回答："我的舌头是全世界最美妙的东西，因为它可以表达爱与美，可以传播诗歌和童话，可以念诵神祇的名讳。它还赋予我以味觉，让我能够欣赏美食的滋味。总之，我的舌头是全世界最美妙的东西。"国王非常满意，于是把使者提拔进了王家顾问团。

我们总喜欢用非黑即白的标准划分事物，殊不知，一切事物都是矛盾的统一体，都是黑与白、好与坏、善与恶、美与丑的调和。别人身上所具有的东西，我们身上同样也有，只不过表现出来的程度不同而已。

我们每个人内心深处都渴望着宁静、爱与和谐。我们的人生是一场短暂而宝贵的旅程，我们在这趟旅程上唯一的使命，就是把我们所有的天赋和潜能都发挥到极致。只有这样，我们才能实现自己的命运。不要因为不肯爱自己、原谅自己，就错过了人生中最宝贵的东西。不要掩饰你心中的同情和善意。我们必须跟自己维持良好的关系，包括善待自己内心的阴暗面。一切良好的关系必然是持久的。我们需要付出坚持不懈的努力，才能克服成长之路上的种种障碍，超越自我，让梦想成为现实。我们内心的阴暗面与光明的一面同样神圣，同样是我们人格不可分割的一部分。只要我们坚持不懈，不停地检视自己，认识自己，探索自己的内心世界，怀着爱与同情心看待自己，就可以让人生变得无比充实、无比精彩。

黛比·福特（Debbie Ford）在乔布拉心理医疗中心（Chopra Center for Well Being）担任咨询师、讲师和内部教务人员，同时利用周末时间在美国各地讲学，推行她开创的阴影心理疗法。目前，她和儿子贝欧一起居住在加州的拉荷亚（La Jolla）。

黛比·福特的地址：P.O. Box 8064　La　Jolla,CA 9203

电话：(619)699－8999

网站：www.fordsisters.com